三峡库区消落带
生态修复与土地合理利用

刘纪根　李　昊　范仲杰　著

科学出版社

北　京

内 容 简 介

本书针对三峡库区水位涨落和不合理土地利用带来的消落带生态系统功能退化问题，以库区消落带可持续生态修复和土地合理利用为主线，开展现状分析、机理探讨、政策分析、技术研发等系列研究，并优选示范区对研究成果进行验证与示范，研究成果旨在为三峡库区水土保持与面源污染防治等生态建设提供科学依据和技术支撑。

本书可供广大从事三峡库区生态修复与综合治理的行政管理部门相关人员、水土保持科研工作者及相关技术人员参考使用。

图书在版编目（CIP）数据

三峡库区消落带生态修复与土地合理利用 / 刘纪根, 李昊, 范仲杰著.
北京：科学出版社, 2024. 11. -- 978-7-03-080060-2

I. X321.2

中国国家版本馆 CIP 数据核字第 20248TT725 号

责任编辑：何 念 王 玉/责任校对：高 嵘
责任印制：彭 超/封面设计：无极书装

科 学 出 版 社 出版
北京东黄城根北街 16 号
邮政编码：100717
http://www.sciencep.com

武汉精一佳印刷有限公司印刷
科学出版社发行 各地新华书店经销
*
开本：787×1092 1/16
2024 年 11 月第 一 版 印张：11
2024 年 11 月第一次印刷 字数：258 000
定价：158.00 元
（如有印装质量问题，我社负责调换）

前　言

　　长江经济带是我国经济发展的主要轴线之一，较快的工业化和城市化进程给区域内生态环境带来巨大压力。三峡库区作为长江经济带的重要组成部分，也是国家级水土流失重点防治区（全国水土保持八片重点治理区域之一及重要生态敏感区），其生态环境问题备受各方关注，其中消落带生态环境问题一直是热点话题。

　　消落带是水生生态系统和陆地生态系统之间的过渡区域，是联系河流与陆地的通道和纽带，形成于水库修建后的蓄水过程，具有周期性的水位涨落和受人类活动干扰因素较强的鲜明特色。三峡库区消落带位于人类活动十分频繁的区域，同时又是生态脆弱区的核心地段，是三峡库区中受三峡工程影响最直接、最明显的区域，其影响将因三峡水库的存在而永久存在。消落带作为三峡库区陆地生态系统和水生生态系统的过渡区域，是拦截陆地上面源污染和水土流失进入水库的最后一道防线，对三峡水库水环境保护、库岸稳定和库区生态环境有重要影响和作用，在三峡库区消落带生态环境保护中消落带植被发挥着重要作用。但三峡水库采用反季节的"蓄清排浑"的运行方式，给水库两岸消落带生态系统带来复杂的影响，三峡库区消落带的水位变动引起水、土、光、热、营养元素等生态因子相应变化，加之不合理的人类活动加剧其生态系统结构和功能的变化，给三峡库区生态安全带来较大风险。

　　基于此，针对三峡库区消落带生态退化、土地利用不合理及人地矛盾突出等生态环境问题，本书一方面针对三峡库区消落带植被构建问题，分析合理稳定植被群落构建的制约因素，研究合理稳定植被群落形成的驱动机制，提出三峡库区消落带生态恢复模式与技术；另一方面，研究土地利用的可利用度、生态恢复的可恢复度，探讨消落带生态恢复与土地利用的协同机制，提出适合消落带的可持续生态恢复与土地利用的管理策略，并将相应成果展开技术示范，以提升三峡库区生态环境建设的科技水平、整体性和系统性，为长江流域生态环境建设提供科技支撑。

　　全书共分为8章，第1章由李昊、刘纪根执笔，第2章由范仲杰、刘纪根执笔，第3章由范仲杰、刘纪根执笔，第4章由刘纪根、范仲杰执笔，第5章由李昊、刘纪根执笔，第6章、第7章由刘纪根、李昊执笔，第8章由李昊、刘纪根执笔，刘纪根负责全书统稿。

　　本书在成书过程中受到中国林业科学研究院森林生态环境与保护研究所程瑞梅研究员、西南大学张小萍教授、重庆市林业科学研究院有限公司师贺雄高级工程师、武汉大学陈奕云教授的帮助，科学出版社的同志也付出辛苦劳动，在此一并表示诚挚的谢意。

作　者

2024 年 4 月

目 录

第1章 绪 论

1.1 三峡库区消落带背景

　　三峡工程在 2010 年 10 月首次达到初步设计的 175 m 正常蓄水水位，至此在长江上形成一个在正常蓄水水位时，总水域面积达到 1 080 km^2 的大型人工水库。三峡水库范围涉及湖北省和重庆市的 26 个市、县（区），淹没陆地面积约 632 km^2。从建成至今，三峡工程在防洪、发电、航运及供水等方面体现了巨大的社会经济效益，但其引发的一系列生态环境问题也引起了广泛的关注，其中包括伴随库区消落带的形成而带来的环境问题。库区消落带，也被称为消落区或涨落带，指的是由于水库水位的周期性变动，在水库周围形成的最高水位线与最低水位线之间的区域。为满足发电、排沙和防洪的需求，三峡水库采取"蓄清排浑"的运行方案，汛期按防洪限制水位 145 m 控制运行，汛期末开始蓄水，在 11 月达到最高的 175 m 水位，11 月至次年 5 月，三峡水库水位根据发电和下游航运的需要会逐步消落，5 月底降至枯水期消落水位。三峡水库水位周期性涨落，在三峡库区两岸形成了涨落幅度达 30 m、面积达 300 km^2 的消落带，是我国面积最大的库区消落带。三峡库区消落带水位涨落幅度大，水位涨落与自然洪枯规律相反，淹水后，消落带自然植被群落发生了根本变化。三峡水库库岸带城镇多、规模大，人口和产业尤其是工矿企业密度高，而社会经济发展相对落后，生态环境差。三峡库区消落带的保护与利用是影响长江三峡水库的长期稳定运行和长江中游的生态安全的重要因素，正成为当前生态修复与保护研究领域的热点与焦点。

　　长江流域是我国经济发展的重要支柱和驱动力之一，在工业化和城市化进程方面进展较快。由于区域经济持续快速发展，长江流域的生态环境正在承受着巨大压力。《中华人民共和国长江保护法》的颁布明确了长江流域生态环境保护和修复的各项措施，对流域生态环境可持续提出了更高的要求。随着近年来大型水利工程的兴建，消落带成为备受关注的词汇。消落带的不确定性、多样性、周期性和复杂性等特点，为相关理论和应用研究带来挑战。随着水库蓄水的变化，消落带常表现出周期性的水位涨落和受人类活动干扰较强的显著特点。通常情况下，水库开始蓄水后，其通过不稳定、非连续和多变的方式来控制自然水流的运动，这将严重影响自然流域原有的生态平衡。一方面，这种影响不仅改变了流域原有水流的动力学条件和流量模式，而且水库的长期蓄水和非季节性泄洪还会导致整个库区消落带生态系统的生产力急剧下降和功能退化，从而导致人类和动物的广泛迁移。另一方面，消落带植被遭受破坏后，将对整个区域的生物多样性和生态环境产生重要影响，增加库区的生态脆弱性。消落带植被是消落带生态系统的重要组成部分，消落带植被物种构成、群落结构和动态对消落带稳定及消落带生态功能正常发挥至关重要，同时，也对河流水环境和水生生态系统产生影响。消落带植被不同于典型的陆生植被，除与陆生植被一样受土壤基质、光照、温度等环境因素影响外，消落带植被更主要的是受其所濒临的河流水体水文条件的影响和制约。水位高低、水淹时长、水淹发生季节、水淹频率、消落带形成年限的长短都会对消落带植被的生长、物种组成、群落结构及功能产生显著影响。

三峡库区消落带区域生态脆弱，人地矛盾突出，人类频繁活动带来的生态环境退化，直接影响其面源污染消减和水土流失拦截效果，进而影响三峡库区生态环境。基于此，开展三峡库区消落带生态恢复与土地合理利用研究，探寻三峡库区消落带生态恢复模式与技术、可持续生态恢复与土地利用适配管理策略，以提升三峡库区生态环境建设的整体性和系统性，为长江流域生态环境建设提供强有力的科技支撑。

1.2　三峡库区消落带研究进展

1.2.1　三峡库区消落带生态恢复研究进展

1. 三峡库区消落带生态恢复模式研究

三峡库区消落带生态恢复一直是国内外学者关注的焦点。消落带生态系统的迅速恢复和重建及基本生态功能的恢复，已经成为保障消落带生态安全的关键。目前，国内对消落带的生态恢复采用了工程措施和生态措施相结合的方法，具体分为四种模式：工程建设模式、旅游景观工程模式、生态农业工程模式及植被恢复重建模式（郑海金 等，2010；谢红勇和扈志洪，2004）。

工程建设模式采用水利工程建设的方法来保护消落带岸坡。但工程措施易对生态系统造成破坏，虽然有多种改良工程措施以提升治理过程中的生态效益（简尊吉 等，2020），但三峡库区消落带非常广阔，这些措施造价较高，难以大面积应用实施。因此，工程建设模式主要用于辅助或者在特定典型区域内小范围应用。

旅游景观工程模式能带来一定的经济效应，但其对应用地点的选择性较强。旅游景观工程模式应用地因具备一定的旅游价值，应由相关的主管部门予以保护和管理，三峡库区消落带的绝大多数区域不具备这一条件，因此这种模式不适合在三峡库区消落带中普遍使用。

生态农业工程模式可收获农产品，获得经济效应。但季节性的水位变动使得水库生态系统的外部环境较差，此模式会对原有生态系统产生一定程度的干扰，加重消落带区域的生态负担，因此该模式也待优化发展，目前不适合在三峡库区消落带大范围推广。

植被恢复重建模式包含自然植被恢复重建模式和人工植被恢复重建模式。自然植被恢复重建模式通过有机体的自然选择形成初步的生态系统，并逐渐演变为成熟而稳定的生态系统。它具有更良好的适应性和系统性，但其所需时间较长，在消落带生态系统脆弱的环境条件下，该模式很容易受到影响。人工植被恢复重建模式克服自然植被恢复重建模式的这一缺点，可在短期内迅速恢复消落带植被，建立生态系统，是目前三峡库区生态恢复的研究和应用热点。但不良的植被配置易造成生态系统的稳定性不足，植被筛选和配置仍有广阔的研究和发展空间。

2. 三峡库区消落带植被恢复研究

植物群落是消落带生态恢复的关键性控制因子。反季节水文节律使消落带内植被退化严重，群落单一，物种丰富度和多样性降低。目前针对消落带植物群落恢复主要集中在植物适应淹水胁迫的机理和适生植物筛选上。

1）淹水胁迫对植物生理生态影响

淹水胁迫会形成低氧，甚至无氧的环境，但植物在长期进化过程中，为避免厌氧造成的损害，形成了一套精密、复杂的应对机制。植物适应淹水胁迫主要通过以下 3 种策略。

（1）通过对其外部形态结构及生理生化水平上的调整来适应和应对淹水胁迫。水淹会导致环境氧气不足或缺氧，在面临缺氧的情况下，植物可以通过改变自身的形态结构和生理生化特性来更好地适应环境变化。例如，通过形成不定根、通气组织、茎延伸，增强抗氧化酶活性及调节能量代谢等方式来提高植物对水淹的耐受性（Ahmed et al., 2012）。南美裂颖雀稗（*Paspalum fimbriatum*）和香附子（*Cyperus rotundus*）在遇到水淹后，可通过扩大叶宽和叶长的方式调整叶面积和数量，从而提升植株的光合能力（罗文泊 等，2007）。落羽杉（*Taxodium distichum*）通过加速茎的伸长使叶片出露水面，缓解淹水胁迫造成的缺氧状况（陈芳清 等，2008）；赤桉（*Eucalyptus camaldulensis*）在水淹条件下能快速形成不定根，以缓解植物的缺氧状况；王晓荣等（2015）在乌桕（*Sapium sebiferum*）和夹竹桃（*Nerium indicum*）淹水过程中也发现了大量的不定根生成。

（2）通过抑制不定根、通气组织、茎延伸等以降低储能物质消耗"静默"。水淹条件下，与使用高能量投入的"逃避"策略相反，"静默"策略能显著降低能量代谢速率（Shackelford et al., 2013；Bailey-Serres and Voesenek，2010）。野古草（*Arundinella anomala*）在遭受淹水胁迫后通过减缓植株的生长速度以减少养分消耗（罗芳丽 等，2006）。对水紫树（*Nyssa aquatica*）、美洲白橡（*Quercus alba*）等的研究也得出同样结论（Chen et al., 2005；Gravatt and Kirby，1998）。

（3）通过积累一定量的非结构性碳水化合物（nonstructural carbohydrate，NSC）增强植物水淹耐受性，以耐受淹水胁迫，维持植物生存。Slewinski 等（2012）的研究表明，植物的碳水化合物分配模式对储存光合同化产物起着重要作用，尤其对草本植物来说，它们能够将大量产物储存在茎部，以应对长期不利环境的影响。植物在受到周期性环境胁迫后，会将受损和非受损组织的光合同化产物转移到根和茎进行储存。Gibbs 和 Greenway（2003）也曾在研究中指出，当植物面对淹水胁迫时会逐渐消耗碳水化合物来维持正常生长。然而，随着水淹时间的延长和胁迫强度的增加，并不会无限制地消耗碳水化合物储量。相反，植物会通过降低对淀粉的消耗速率，积累一定数量的淀粉，这是耐淹植物维持生长的重要策略之一。

植物也会通过其他多种途径提升耐水淹能力，以降低淹水胁迫的损害：①改变自身的营养物质积累与分配模式。植物以提升其光合作用能力为目标，将更多的氮输送到叶绿体中以增加叶片中的氮含量（史作民 等，2015；罗美娟 等，2012），或为了在水淹的环境中保持根系正常吸收营养元素，通过内部通风系统向根部输送氧气（Kogawara et al.，2006），或通过糖酵解途径将体内能量转化为维持正常代谢所需能量（艾丽皎，2013）。②改变体内酶活性。植物在受到一定淹水胁迫时，通过自我调整气孔以改变体内酶活性，从而改变光合作用能力，具体表现为光合作用能力在胁迫初期降低，但随着胁迫时间增长而逐渐恢复并稳定（刘泽彬 等，2013；Li et al.，2012；Iwanaga and Yamamoto，2008；Yordanova et al.，2005）。淹水后植物体内超氧化物歧化酶（superoxide dismutase，SOD）和抗氧化酶如过氧化物酶（peroxidase，POD）、过氧化氢酶（catalase，CAT）等酶活性随胁迫时间增加"先升高后降低"（刘泽彬，2014），以减少淹水胁迫产生的超量活性氧自由基对植物的损害。此外，也有学者提出当植物面临周期性环境胁迫时，可能存在混合型耐受策略以处理光合同化产物存储与植株生存及生长的关系。

目前对于植物在水淹条件下如何调控资源的投入缺乏系统研究，库岸适宜物种如何权衡储存与生长需求的关系、库岸适宜物种如何适应水淹环境等是当前亟须解决的重要科学问题。

2）适生植物筛选

三峡库区消落带适生植物筛选主要方法包括实地生物调查和室内水淹实验。由于水文活动对不同高程植被的干扰强弱不同，研究者从适生植物的耐淹机理出发，结合湿地考察筛选出不同高程的适生植物。研究发现，草本植物对淹水胁迫的适应能力远远高于木本植物，在水淹深度和水淹时间较长的低高程区域（高程＞145～155 m），基本无木本植物生存（张晟 等，2013）。多年生物种在固土护岸、截污去污、景观和生态经济价值、群落自稳定性等各方面都明显优于一年生物种。目前消落带适生植物的筛选主要包括：①繁殖体筛选。如具有较强适生能力的多年生草本植物狗牙根（*Cynodon dactylon*）等（刘云峰，2005），多年生木本植物枫杨（*Pterocarya stenoptera*）、柳树等。②种子筛选。传播能力较强物种是未来消落带重建过程中可考虑的对象（李儒海和强胜，2007），其中一年生草本植物主要以种子休眠的形式逃避水淹（张爱英 等，2016）。③植被配置模式。消落带根据不同高程水淹时长、水淹深度等差异选择合适植物。

适生植物配置的重点包括以下两方面：一方面，通过"乔-灌-草-藤"多种植被组合，可以同时保证消落带植被在退水阶段的覆盖率，还能够有效地防止水土流失的问题，从而发挥重要生态效益。另一方面，通过搭配水生花卉、牧草、果树和桑树等植物在消落带和库岸带上同时发育，不仅能够起到截污作用，还能产生一定的经济效益（王晓锋 等，2015）。

研究者近年在三峡库区针对乔灌草等不同物种做了大量研究，详见表 1-1。

表 1-1　三峡库区消落带不同物种耐淹能力研究

植物形态	种类	耐淹性能	参考文献
草本	狗牙根（*Cynodon dactylon*） 地瓜藤（*Caulis fici tikouae*）	在 180 天水下 5～25 m 的深部淹水后能够成活，并在次年自然萌芽	马利民等（2009） 徐少君（2011）
	水蓼（*Polygonum hydropiper*）	经过 30 天水淹后产生大量不定根，植株存活率为 100%	陈芳清等（2008）
	牛膝菊（*Galinsoga parviflora*）	植物的种子具有较强的水淹耐受能力，经历长时间水淹后能够快速并大量萌发	杨永艳等（2021）
	稗（*Echinochloa crusgalli*） 金色狗尾草（*Setaria pumila*）	一定时长的水淹有利于打破种子休眠并提高种子萌发率，经 240 天水淹后萌发率大于 40%	王欣和高贤明（2010）
	香附子（*Cyperus rotundus*）	表现出对逆境较强的适应能力，水淹 100 天后存活	刘旭等（2008）
	芭茅（*Miscanthus floridulus*）	短时间内可适应水分胁迫与水淹逆境，均不适宜长期种植于消落带	
	野青茅（*Deyeuxia arundinacea*）	经过 180 天冬季水淹，出露后 7 天开始萌发新芽，土壤中有大量种子萌发，20 天后盖度可达 85%	
	块茎苔草（*Carex thomsonii*）	180 天水淹后，退水 15 天开始萌发，30 天后盖度达 98%	冯义龙和朱旭东（2012a）
	甜根子草（*Saccharum spontaneum*）	经 170 天水淹后，仅 5% 茎秆存活	
	扁穗牛鞭草（*Hemarthria compressa*）	经过 180 天水淹，退水 40 天后萌发新芽	
	卡开芦（*Phragmites karka*）	180 天水淹后，植物主茎存活	
	芦苇（*Phragmites australis*）	根部水淹时光合速率较高，夏季干旱时光能利用效率较高	冯大兰等（2009）
	香根草（*Vetiveria zizanioides*）	180 天完全水淹后，存活率为 87.5%；水下 9 m 淹水 120 天植株生长良好	王海锋等（2008）
	野古草（*Arundinella anomala*）	增强土壤的抗水蚀能力	徐少君等（2011）
		经过 90 天水淹后，存活率为 100%	李娅（2008）
灌木	中华蚊母树（*Distylium chinense*）	经过 150 天秋冬水淹，植株在生长、光合作用及生理生化特性上均做出了积极响应	刘泽彬等（2016）
		水淹 214 天，部分小枝枯死，退水 20 天后恢复生长	王朝英（2013）
	秋华柳（*Salix variegate*）	全淹 120 天后，存活率为 100%，并有较强恢复生长能力	李娅（2008）
		能经受 178 天冬季水淹，并在退水 20 天后开始萌芽	冯义龙和朱旭东（2012a）

续表

植物形态	种类	耐淹性能	参考文献
灌木	南川柳（*Salix rosthornii*）	就水淹后生物特征短时效而言，适宜作为消落带植被恢复树种，需适当人为管护	艾丽皎等（2013）
		水淹 238 天后，部分嫩枝枯死，退水 30 天开始萌芽	冯义龙和朱旭东（2012b）
乔木	枫杨（*Pterocarya stenoptera*）	全淹 133 天后，有部分枝干枯死，退水 30 天后开始萌芽	冯义龙和朱旭东（2012a）
		水淹后产生有利于吸收氧气的不定根和肥大皮孔	陈海生等（2013）
	中山杉（*Taxodium* 'Zhongshanshan'）	在 163～174 m 高程内平均成活率为 98.1%	张艳婷等（2016）
		经过 6 次水淹后，在 170～175 m 高程内成活率为 98%	赵洋等（2017）
	落羽杉（*Taxodium distichum*）	利用侧根增强代谢调节能力，形成大量通气组织以适应水淹环境	李昌晓等（2010）
	池杉（*Taxodium ascendens*）	可部分水淹 150 天以上	白祯和黄建国（2011）
	水杉（*Metasequoia glyptostroboides*）	淹水期抗氧化酶、渗透调节物质等积极响应，表现出极强的水分适应力	白林利等（2015）
	桑树（*Morus alba*）	淹水 103 天，恢复 70 天后茎粗和株高降低	甘丽萍等（2020）
		在 11 m 深水淹没区生长良好，在库区 145 m 水位处可保持枝叶正常生长	贺秀斌等（2007）
		在长达 90 天水淹的情况下，桑树各生长指标及光合作用指标均保持在较高水平	袁贵琼等（2018）
	立柳（*Salix matsudana*）	随着水淹强度的增加，立柳的株高、基径和冠幅均受到一定的抑制。但与种植初期相比，175 m、170 m 和 165 m 采样带中立柳的株高、基径和冠幅均显著增加	吴科君等（2019）
	水桦（*Betula nigra*）	在长达 90 天水淹的情况下，水桦各生长指标及光合作用指标均保持在较高水平	袁贵琼等（2018）

3）消落带生态功能研究

三峡水库运行后，库区水位反季节性涨落形成了消落带这种特殊的水陆交错生态系统，其生态系统服务功能呈现复杂的动态变化过程，存在物种单一、生态系统稳定性低等特点。如何改善退化生境和提升生态服务功能是目前三峡库区消落带研究的重点。目前研究主要集中在生态系统服务功能评价、生态系统恢复模式研究等方面。

（1）生态系统服务功能评价。生态系统服务功能是指生态系统及其生态过程所形成与所维持的人类赖以生存的自然环境条件与效用，主要包括供给服务、调节服务、支持服务和文化服务（Daily，1997）。Holdren 和 Ehrlich（1974）根据生物多样性与生态系统服务功能之间的关系，提出量化生态系统服务功能价值的方法，并逐渐流行。随着"千年生态系统评估"启动，生态系统服务功能评价在全球范围内在开展，也标志着生态系统服务功能价值评估体系的建成（Millennium Ecosystem Assessment，2005）。气候及土地利用方式等都成了影响生态系统服务功能的关键因子（肖强 等，2014；Xu et al.，2013；Metzger et al.，2006）。在库区，王大菊等（2020）基于土地利用对三峡库区生态系统服务价值进行量化评估，提出了应加强草地生态系统保护的建议。生态系统服务功能评价是生态系统恢复模式研究、治理措施优化配置的基础，体系中包含权衡与协同效应、空间分布、供需关系等内容。常用的方法有：综合指数法、层次分析法、神经网络分析法和综合评估模型等（余新晓 等，2012；陈秀铜和李璐，2011）。

（2）生态系统恢复模式研究。生态系统恢复是指通过维持现有植被生长、恢复或重建退化生境生态系统、人工造林等方式，来恢复植物群落结构、生物多样性，进而维持生态系统功能的过程（宋永昌，2001）。生态系统恢复模式在常见的项目实施中主要有植被恢复模式和工程建设模式两大类。针对不同脆弱生态区生态环境问题如水土流失、石漠化、沙漠化等，我国开展了大规模的恢复项目和工程，如退耕还林还草、水土保持工程、小流域综合治理等，形成了多套成熟的生态系统恢复模式。这些生态系统恢复模式在北方风沙区、西北黄土高原区、西南喀斯特地区、青藏高原区、干旱荒漠区等地区均卓见成效。

而三峡库区受地形复杂程度、地质差异性、反季节水文节律等因素制约，生态系统恢复模式大多采用静态的方式对脆弱生态区进行评价，缺乏动态视角分析。另外，三峡库区生态系统类型复杂，如何准确科学地评价三峡水库特殊生态区消落带生态功能，需要完善评价对象、内容和方式，从系统工程的角度出发注重库岸带、消落带、河漫滩等系统间的相互作用进行综合评价。针对上述问题，开展相关研究对指导三峡水库特殊生态区消落带生态恢复和生态系统管理具有重要的理论和实践意义。

1.2.2 三峡库区消落带土地利用研究进展

1. 国内外消落带土地利用研究进展

消落带是介于水域和陆地之间的特殊生态系统，其土地利用具有随机风险性、局部性和环境后效性等特点（刘斌 等，2000），由于不同地区的气候、地貌和土壤条件的差异性，不同地区消落带向陆地转变所需的时间各不相同，至今还没有对消落带形成统一的利用方法和模式（艾丽皎 等，2013）。国外的研究者（Olson et al.，2007）发现，对于消落带土地的开发利用规划，不合理的人为开发会给生态系统带来严重后果，包括抗干扰能力减弱、土地质量下降、水土流失加剧等问题。这些研究给我们提供了宝贵的经验教训。对密西西比河消落带进行的一项调查发现，土地利用会导致该地区57%的沉积物、56%的磷和72%的无机氮流失。考虑到保护和管理消落带的需要，为了有效提升消落带土地资源的利用和保护，必须在消落带土地利用前对消落带土地采取积极的土地规划和政策性措施（Shandas and Alberti，2009）。目前，国内对消落带土地利用的研究主要集中在三峡库区，因为该地区消落带的地理位置和生态环境功能具有特殊性，学者们对如何开发利用消落带存在不同的观点。一些学者认为，对三峡库区及整个长江流域开发消落带土地可能会对生态造成巨大威胁。三峡库区具有光热充足、土壤松散、不易滋生昆虫杂草、肥力较高等特点，土地资源具有很高的可利用性（徐元刚 等，2008）。同时，由于库区人口众多，人地资源矛盾非常突出，因此许多研究者认为开发是必要且必然的。张虹（2008）在其研究中将三峡库区消落带分为六种类型，包括硬岩型、软岩型、松软堆积型、库尾松软堆积型、湖盆松软堆积型和岛屿松软堆积型消落带，并提出了各种类型消落带的可持续土地资源利用模式。徐泉斌等（2009）提出了根据不同高程采用不同消落带利用方式的观点。杜立刚等（2012）对城市消落带进行了划分，将其分为生态景观区、生态屏障区和航运枢纽区等不同的功能区，并提出了不同的利用方式。赵雨果和涂建军（2012）研究了三峡库区消落带土地利用系统的结构合理性。

三峡库区消落带土地利用的研究主要关注土地利用类型、面积变化、土地资源分布及土地利用对环境的影响。三峡库区消落带位于人类频繁活动的地区，同时也是生态脆弱区的核心地带。人类的土地利用对其生态系统演替有着重要的影响。自三峡工程建成以来，植被群落减退，适应环境的植物品种减少，草地取代了森林、灌木、水田、旱地、果园等土地利用类型，导致景观多样性严重下降，景观差异程度减少，生态系统的稳定性降低（邓聪，2010）。同时受人类活动和水库水位调度共同影响，三峡工程竣工以来库区消落带土壤结构（张淑娟 等，2020；程瑞梅 等，2009）、土壤养分（李姗泽 等，2020；张志永 等，2020）、土壤重金属（张显强 等，2020；储立民 等，2011）也都发生明显变化。

2. 消落带土地资源利用保护模式研究进展

库区消落带的土地利用模式和管理方式是国内对消落带研究的另一个重要方面。一项研究指出，在库区消落带形成后，有四种主要的土地资源利用保护模式：直接利用模式、生态保护区模式、生态试验示范区建设模式和消落带护理建设模式（袁辉 等，2006）。

直接利用模式是将消落带单纯看作土地资源的一种。每年定期被淹没使土地沉积了丰富营养物质而变得肥沃，方便库区移民或当地农民进行开发利用。

生态保护区模式意在有目的地改建湿地生态系统，全面恢复和重建系统的结构、功能、生物多样性、持续性，或者合理规划并建立生态保护区将级别不同的森林公园、自然保护区和旅游景点等区域纳入其中。

生态试验示范区建设模式是同时注重生态效益和经济效益的生态建设模式。该句话的领域和背景为环境保护和可持续发展。生态试验示范区建设模式系统利用产业链，以循环经济和清洁技术为基础，在消落带地区推动生态工业、生态农业、生态种植和生态养殖等可持续发展项目。

消落带护理建设模式是在易产生地质灾害的消落带区域采取适当的工程措施护理消落带或选用适宜野生草本，使之在消落带成陆期间迅速生长成坪。

袁辉等（2006）对上述四种土地资源利用保护模式进行了生态系统健康评价，评价结果显示，直接利用模式对未来消落带的健康状态有负面影响，属于"一般病态"，而其他三种模式带来的影响则是正面和积极的，处于"健康"或"较健康"的状态。

目前来看，不同的消落带土地资源利用保护模式是在考虑水位消涨规律、汛期洪水、当地农事活动、区域自然特征等因素后，将消落带土地分为上、中、下三部分进行季节性利用。或者划分为常年利用区、季节性利用区和暂时利用区，进行草业利用、林业利用、农业工程利用、渔业利用和旅游资源开发，以充分提升消落带土地资源利用效益，但现有利用模式下体现在涵养水源、调节气候、保持土壤、净化环境等方面的生态效益和社会效益仍有待提升。

总体上，消落带的土地利用方式研究成果与生态建设所需的实践应用技术之间存在一定的差距，尚需提升生态效益和社会效益（卢德彬，2012；谢德体，2010）。在考虑合理开发利用消落带土地资源时，有关消落带土地利用现状及分类研究内容多，土地适宜性评价及集约利用策略研究内容少，大部分研究没有明确界定合理的标准和指标，也很少提及如何解决消落带开发利用与保护治理之间的矛盾。

第2章　三峡库区消落带环境概况

2.1　三峡库区自然概况

2.1.1　地质地貌

三峡库区位于三个构造单元的交汇处，这三个构造单元分别是大巴山褶皱带、川东平行岭谷和川鄂湘黔隆起褶皱带，北边靠近大巴山，南边依靠云贵高原。山地地表上升，经过河流的削蚀，形成了高耸而壮观的山脉。奉节以东为川东鄂西山地，而奉节以西则属于川东平行峡谷低山丘陵区。库区内地形复杂，高低悬殊，山高坡陡，河谷深切（张立明，2008）。三峡库区地貌类型以丘陵、山地为主，区域地形起伏，地表形态破碎。地形大致为东高西低，东部为低、中山地形，西部多为低山丘陵。整个地区的地势沿着南北方向倾斜，朝向长江河谷（图2-1）。三峡库区地貌的形成主要受到水流的作用，地域内部的地形高低起伏明显，地貌的结构非常复杂，可以分为以下几个特点（刘菲，2011）：①地势变化起伏明显，层状地貌的起伏幅度较大。该区域呈现出西北低、东南高的地势，最高点的海拔达2 796.8 m，而最低点仅为73.1 m，两者之间的相对高差达到了2 723.7 m。②以中低山区与丘陵组合的地貌类型为主。这种地貌组合是典型侵蚀地貌的表现，具体包括中低山、低丘陵、缓丘陵、中丘陵、高丘陵、平坝和台地等几种。③地貌特征受地质类型控制，表现出明显的地区分异性。三峡库区地貌类型可以大致划分为东北部大巴山区、中部平行岭谷和东南部中山低山区。④地貌形成演化过程复杂，地表切割破碎。三峡库区位于中国内陆第二层级的前沿，地面上有明显的间歇性上升现象，与附近的江汉平原相比，海拔和地形地貌差异明显，由此导致强烈的河流下切侵蚀作用，形成了地表形态破碎、高低起伏的地貌构造。库区按坡度区间可以划分为4个类别，其中25°以上的陡坡地约占总面积的30.19%；>15°～25°约占31.29%；而>7°～15°的缓坡地和0°～7°的平缓地分别占24.69%和13.83%。简而言之，从整体特征来看，三峡库区重庆段的地形平缓，平坝土地比例较少，且主要集中在海拔500 m以下的地区。斜坡和缓坡土地在三峡库区的分布面积最大，相当于三峡库区面积的 55.98%，其中>15°～25°和>7°～15°的斜坡和缓坡土地分布最为广泛。这些特征造就了重力侵蚀与坡面流水作用的良好环境，再加上人类对地形的改造不断加强，明显加速了地表沟蚀、坡面片蚀、崩塌、滑坡及泥石流等现代重力侵蚀作用的影响。

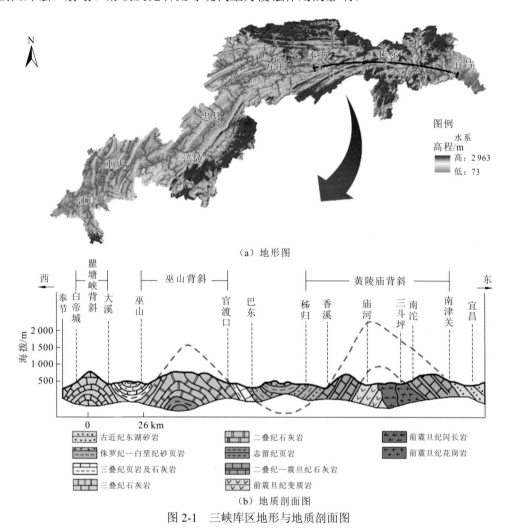

（a）地形图

（b）地质剖面图

图 2-1　三峡库区地形与地质剖面图

2.1.2　气候水文

三峡库区属于中亚热带湿润季风气候区，其气候特征表现为温暖湿润、降雨量适中、四季变化明显。库区地形复杂、地势起伏较大，其北部被大巴山所阻，冬季的北方寒流难以侵入但夏季南方湿热气候则能越过云贵高原，造成库区独特的气候特征，比如春天早，夏天炎热，冬天温暖，秋季多雨，云雾多，湿度高，光照较少，生长期长及易受旱灾等。库区降水量充沛但时空分配不均，时间上表现为春末夏初多雨，但 7 月、8 月则连续高温晴天,经常发生伏旱;空间上表现为山地降雨较多,而沿江河谷地则降雨较少。库区年平均气温在 12~19℃,冬季相对较短,极端最低气温约为-4℃,且罕见霜雪;夏季气温高,其中 7 月平均气温可达 30℃,极端最高气温为 42.6℃。每年的初日气温稳定在 10℃以上是在 3 月初,终日气温稳定在 10℃以下是在 12 月初。库区位于长江河谷,有较多的云雾和较少的日照,通常每年的日照时间少于 1 500 h,日照百分率约为30%(刘祥梅,2007)。

三峡库区地势复杂,主要河流有长江、嘉陵江、乌江、涪江等。根据水系划分,大部分区域隶属于长江主要支流、嘉陵江水系和乌江水系(图 2-2)。长江干流自重庆市中部向东流经整个库区,以长江为轴线汇集了上百条大小支流,为三峡库区的工农业生产和人民生活提供了充足的水源保障。库区内河流众多,水系模式以网格状为主,区内水源充沛,水资源含量年均超过 5 000 亿 m³。长江三峡多年平均流量可达到 13 820 m³/s,其他中小河流平均流量则大多 30 m³/s 以上。三峡库区的水能理论蕴藏总量为 1 438 万 kW,其中长江占比超过 80%,嘉陵江占比接近 10%,其他河流占比约为总量的 10%。

图 2-2　三峡库区河流水系图

2.1.3　土壤植被

三峡库区特殊的山地地貌类型造成水热条件重新分配,从而形成多种土壤类型,主要包括黄壤、黄棕壤、紫色土、黄色石灰土、棕色石灰土、水稻土、冲积土、粗骨土和潮土等。高海拔的山区还存在棕壤、暗棕壤和山地草甸土。

三峡库区共有 7 种土壤类型和 16 个亚类划分(叶飞,2018),其中分布面积最大的土壤类型是紫色土，主要分布在低山丘陵区域，占三峡库区总面积的 47.8%；其次是石灰土，主要分布在低山丘陵地带，占三峡库区总面积的 34.1%；黄棕壤和黄壤属库区第三大类土壤，共占三峡库区总面积的 16.3%，主要分布于海拔低于 600 m 的丘陵地区及河谷盆地。三峡库区内耕地以梯田和坡耕地为主且主要分布在长江干流和支流两岸，区内主要用于耕种的土壤类型是水稻土。三峡库区整体植被覆盖度较高（图 2-3），这种特殊环境为生态系统的多样性和生物多样性创造了有利条件。三峡库区拥有丰富的物质资源、物种资源和独特的植物资源，尤其是维管植物，目前已记录的有 6 088 种、1 428 属、208 科的不同种类，仅其种数就占了全国植物种数约 20%。库区主要植被类型包括落叶阔叶林、常绿阔叶林、常绿针叶林、常绿与落叶阔叶混交林、山地灌丛及竹林等，其中针叶林的比例较高，而阔叶林的比例较低。库区地带性植被是常青的宽叶树木组成的森林，库区内的树种相对较少，群落组成和层次结构相对简单。由于库区开发历史悠久，该地的植被生态系统已经遭受了严重的破坏和干扰。目前，天然林的占比较小，大约占据林地总面积的 30%，而疏林和幼林的比例大约为 40%。三峡库区植被呈现明显的垂直差异分布特征，从山地到河谷丘陵依次形成了温带、暖温带和亚热带的不同植被类型，这是由气候变化所导致的。

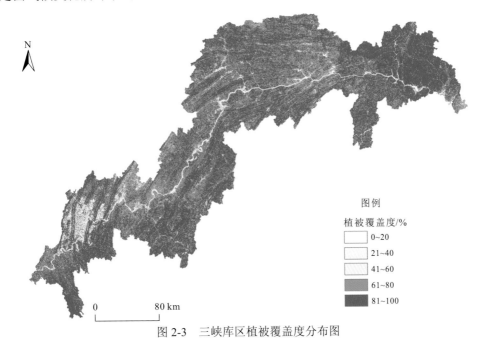

图 2-3　三峡库区植被覆盖度分布图

2.1.4　社会经济

三峡库区共包括重庆市 22 个、湖北省 4 个市、县（区），总面积约 5.8 万 km²。据第七次全国人口普查数据，三峡库区总人口达 2 118.52 万人，其中农业人口 624.62 万人，占总人口的 29.48%（王兆林，2022）。三峡库区农业资源丰富，主要农作物包括水稻、小麦、玉米等。三峡库区中药材种类多样，是我国珍贵的各种中药材的重要生长区域。由于三峡库区地处长江沿岸，航运条件得天独厚，是连接东西部的重要物流通道，但陆路交通基础较为薄弱，地区生产水平不高，经济比较单一。近年来，随着农业科技的不断进步，三峡库区的农业产值稳步增长。各地人民政府也在积极推广现代农业技术，提高农业生产效率，同时也注重发展特色农业和生态农业，以满足市场的多样化需求。由于三峡库区地处长江上游，水电资源极为丰富，因此能源行业一直是该地区的优势产业。此外，制造业、化工行业和旅游业也是三峡库区重要经济支柱。三峡库区自然景观和人文景观等多种类型旅游资源丰富，旅游业近年来已经成为该区域重要的经济增长点。

三峡库区的地方财政状况在一定程度上受到了产业结构单一和经济总量较小等因素的影响，但国家对长江经济带的战略规划和西部大开发的深入推进，为三峡库区创造了前所未有的发展机遇。同时，三峡库区移民和城镇搬迁新建使城镇规模迅速扩大，加快了城镇化建设，带动了库区经济和社会事业的发展。

2.2　三峡库区消落带环境问题及治理

2.2.1　消落带面临的环境问题

从生态学的角度看，消落带是大自然的"肾"，能有效净化污染物。消落带在维护库岸生态系统平衡，保护水库、湖泊和河流水体等方面，扮演着非常重要的角色。每年夏季和冬季，三峡水库根据"蓄清排浑"和季节性调节水位的需要，采用夏季降低水位至 145 m，汛期结束后将水位升至 175 m 方式蓄清水。在水位消落的过程中，形成了落差 30 m 的消落带。三峡库区消落带生态系统是由自然、经济和社会相互作用而形成的复合系统。三峡库区消落带形成的主要原因有两个：一是水位季节性的自然消涨，导致被淹没的土地周期性地露出水面；二是在工程性调蓄水作用下，水库蓄水和泄洪引起的水位涨落。三峡库区消落带面临的环境问题可以分为以下几个方面。

1. 生物多样性降低

水库蓄水后，原本的陆生生态系统会转变为季节性湿地生态系统：环境的改变一方面会造成新物种出现或发生物种变异；另一方面，陆地生物将无法适应陆地环境的变化而逐渐消亡，水生生物的生存也因水位季节性涨落而面临困境。消落带的植物种类将减少，导致生态系统结构和功能简化，稳定性下降，脆弱性增强（熊俊 等，2011）。刘维暐 等（2011）对三峡水库干流和库湾消落带的植物群落物种分布进行了本底调查，结果显示 2011 年库区消落带植物群落格局与 2002 年三峡工程建成前相比发生了明显改变，物种数量减少了近一半，而灌木物种消失了约 3/4。郭燕 等（2019b）的研究发现，经历了 8 次水位涨落周年后，三峡库区秭归段的消落带植物多样性和植物群落结构发生了明显的变化，植被多样性减少，群落结构变得更为简单，以一年生草本为主要类型，并且群落中的单种、单属现象明显增加，导致整体群落的多样性降低。

自 2003 年三峡水库运行以来，由于水库水位周期性的涨落，消落带植被经历了严重破坏。在一些土壤冲刷严重、坡度较大的地区，消落带植被已经消失。其次，动物多样性也面临着减少的威胁。175 m 蓄水后，陆地上的大面积生态系统被江水淹没，导致大多数动物物种不得不迁徙或面临死亡的风险，而某些珍稀和濒危物种更是面临着灭绝的巨大挑战，物种多样性也大幅度减少。水淹导致了消落带生态廊道空间的减少，功能的削弱乃至丧失，进而导致动物物种多样性的降低。消落带内植物无法存活，造成了很多以植物为食的哺乳动物、鸟类和昆虫等动物被迫迁移或大量死亡，昆虫的死亡进而导致了很多食虫动物的迁移或死亡（谭淑端 等，2008）。

2. 环境污染

消落带是物质能量输送和转化的活动地带，当生活和工业垃圾、农作物残留的化肥、农药等污染物直接进入水体时，会导致水体污染和富营养化。消落带没有固有植被来阻拦和过滤这些污染物，因此它的自净能力很低，污染物往往容易停留在水陆交界处的带状地带。

三峡工程完工后，每年库区退水都会带来大量漂浮物，包括水中的动植物尸体，这些漂浮物会滞留在水库的消落带上。如果没有采取相应的预防措施，水库消落带就会变成一个垃圾聚集区，从而影响了其景观效果。王晓荣等（2010）的研究发现，消落带内的全磷、全钾、有效磷和速效钾含量增加，表明水淹和清库等人为活动对土壤母质风化的影响非常严重，从而导致消落带内土壤中磷和钾的含量增加，而水淹后速效钾大量流失。三峡水库从 2003 年开始蓄水运行后，出现了富营养化问题和支流水华频发的现象。先后的监测结果显示，三峡库区出现了五种类型的水华，分别以隐藻、硅藻、甲藻、绿藻和蓝藻为主要种群。造成这一问题的主要原因是库区土壤中存在大量的氮、磷及面源污染趋于严重。以 2004 年、2005 年均值计，来自面源的 COD_{Mn}、N、P 负荷分别为 58.6 万 t、33.8 万 t、1.0 万 t，占总污染负荷的百分比分别为 70.8%、60.6%、74.9%（熊俊 等，2011）。库区消落带狭窄细长，水流的横向环流、滞流缓流特性，导致库区河道变宽，水流速度明显减缓，尤其是在库区蓄水后的回水顶托作用下，污染物不能及时随径流排出，大量积聚在消落带形成近岸污染带，导致消落带土壤变酸和水华产生。

3. 地质灾害

水位的周期性涨落对库岸的侵蚀、冲击和浪淘极大地破坏了土壤的结构和稳定性，加上雨水径流的冲刷，使得表层土壤水土流失严重（赵琴和陈教斌，2018）。在整个三峡库区消落带中，除开州区等局部地区比较平缓外，大部分消落带河段地势陡峭，岸坡稳定性差，加上沿岸人类活动频繁，是我国地质灾害的易发区和多发区。据不完全统计，整个三峡河谷泥石流河段有 271 处，三峡库区核心区的万州、酉阳、巫山、奉节等 10 多个地区共有滑坡 4 074 处、崩塌 580 处。三峡水库建成后，库水位周期性涨落对库岸边坡稳定性产生重要影响：当水位升高时，库岸老滑坡体滑移面岩土体在水浸润影响下强度降低；在水位下降后，老滑坡又因失去水的承托力而重新复活产生滑动（苏维词 等，2005）。此外，由于库区内可利用的生产生活土地资源有限，大部分居民房屋靠近山脚建设，房屋、道路建设等人类活动对库区边坡稳定性也会产生重要影响（谭淑端 等，2008）。

4. 自然景观破坏

水位的频繁涨落必然会让消落带中的植物难以适应，导致许多地方的植物枯萎死亡，自然景观发生变化，有些地方甚至没有土壤，露出了基岩。此外，消落带大部分进行了硬质防护坡处理以满足防洪需要，使得岸边的景观变得单一并呈现灰暗色调。而每年夏季低水位期间，消落带在露出后岸边植物稀少、岩石裸露，局部地区出现淤泥和沼泽化现象，这些也严重影响了三峡的景观美（艾丽皎 等，2013；仙光 等，2013）。在城市中一些人口密集的地区，如港口和码头等地，考虑到防洪和固岸的需要，消落带的护坡主要采用传统的硬化工程措施。然而，传统的护坡方式与周边的水域和陆域景观明显不协调，封闭的硬质人工驳岸改变了江河岸线的自然特征和生态功能（杜立刚 等，2012）。

2.2.2 消落带环境治理现状

三峡库区地形起伏、地貌特征变化多样，包括山高坡陡的中高山和中低山，还有丘陵和平坝。其中，山地面积占据 71.3%、丘陵台地占据 22.8%、平坝土地占据 5.9%。三峡库区位于中低纬度带，总体上属于亚热带季风湿润气候，在地形和水流的影响下，再加上三峡工程蓄水的影响，三峡库区出现了独特的小气候，气候和降雨量复杂多变。据不完全统计，三峡库区内存在着 520 余种动物资源和 6 000 余种植被种类，物种资源十分丰富。此外，由于其独特的地理区位条件形成了独特的生态系统，该生态系统结构复杂，各因子之间相互紧密联系。三峡库区有许多不同种类的物种和植被，其生态系统组成元素非常丰富，生态位多样化，生态结构相当复杂。但是，当外界干扰影响到生态系统时，由于联动效应的作用，对生态系统的影响范围将会更广泛。由于三峡库区位于特殊地理位置，一旦生态系统受到严重破坏，其影响后果不容忽视。三峡库区存在多种自然灾害，如崩塌滑坡、洪涝、干旱和泥石流，且水土流失严重。由于三峡水库的成库蓄水，一些珍贵的经济林木和珍奇树种被淹没，导致生物多样性遭受破坏。此外，三峡库区的城镇化和工业化进程也对生态环境造成一定负面影响，给生态系统的可持续发展带来挑战。

近年来，生态环境问题得到越来越多的关注，针对三峡库区消落带环境的治理措施也日渐受到重视，许多专家和学者对此进行了深入研究和实践（贺秀斌和鲍玉海，2019）。

谢德体等（2007）和范小华等（2006）对消落带的水、土环境变化特点进行了分析，探讨了消落带土壤和水环境之间的相互作用，并提出了通过应用生物缓冲带、复合生态、坡地农业、流域生态学、人工湿地和生态河堤等技术来保护和调控消落带生态环境的措施。苏维词和张军以（2010）提出了依据高程、土壤、坡度、地貌和原土地利用类型对消落带进行梯度分级的建议，包括建设耐水植物群落带、季节性综合利用带、堤坝防护带和生态屏障建设带。袁兴中等（2011）提出了基塘工程、林泽工程、生态浮床工程、生态友好型利用综合模式。潘晓洁等（2015）提出了自然保护模式、生态保护带污染负荷削减模式、基塘模式、沧海桑田生态经济工程模式、生态效益林模式。赵洋等（2016）提炼了近自然、生物工程、水塘湿地和清洁封育 4 种生物治理模式。贺秀斌和鲍玉海（2019）总结了自然恢复、景观植被生态恢复、分区固土护岸、生态湿地拦沙截污、季节性环境友好利用、生态渔业饲草种植 6 种三峡水库土质消落带生态治理综合模式。针对库区消落带生态环境问题的治理和保护措施主要包括：工程措施、生态措施及两者相结合的方式（蔡蕊 等，2021；王小华 等，2020；翟文雅 等，2020；袁兴中 等，2019；张永进，2019），表现为植被恢复重建模式、工程建设模式、旅游景观工程模式、生态农业工程模式 4 种模式。

一些研究者开展了以植被恢复重建为目标的工程性辅助措施的技术研究，如植被混凝土技术（裴得道 等，2008）、燕窝植生穴技术（吴江涛 等，2007）、菱形框格梁技术（周明涛 等，2012）、香根草双层加筋柔性板块技术（邓斌 等，2013）、互锁型植生块技术（鲍玉海 等，2010）、串珠式柔性构件技术（钟荣华 等，2015）、九宫格绿化种植盘技术（王加权和陈文德，2014）等多种技术，在消落带植被恢复重建中发挥着积极的作用。

2.3 本章小结

本章从三峡库区消落带自然环境入手，在现场调研、资料收集分析与图像解译的基础上，对库区地质地貌、气候水文、土壤植被、社会经济等方面进行较为系统阐述，分析三峡库区消落带环境问题及治理现状，主要研究结论如下。

（1）三峡库区位于大巴山褶皱带、川东平行岭谷和川鄂湘黔隆起褶皱带三个构造单元的交汇处，区域地形起伏，地表形态破碎。三峡库区特殊的山地地貌类型造成水热条件重新分配，从而形成多种土壤类型，主要包括黄壤、黄棕壤、紫色土、黄色石灰土、棕色石灰土、水稻土、冲积土、粗骨土和潮土等。三峡库区内主要植被类型包括落叶阔叶林、常绿阔叶林、常绿针叶林、常绿与落叶阔叶混交林、山地灌丛以及竹林等。三峡库区水源充沛，主要河流有长江、嘉陵江、乌江、涪江等，三峡库区水能理论蕴藏总量为 1 438 万 kW，其中长江占比超过 80%，嘉陵江占比接近 10%，其他河流占比约为总量的 10%。丰富的水电资源为三峡区域能源行业提供重要支撑，主要支柱产业包括能源业、制造业、化工行业和旅游业等。

（2）三峡库区物种丰富、植被类型多样，生态系统组成要素种类多、生态位丰富、生态结构复杂。在这种环境特征下，三峡库区消落带形成的主要原因有两个：一是水位季节性的自然消涨，导致被淹没的土地周期性地露出水面；二是在工程性调蓄水作用下，三峡水库蓄水和泄洪引起的水位涨落。三峡库区消落带面临的环境问题主要包括：生物多样性降低、环境污染、地质灾害及自然景观破坏等方面。

第3章　三峡库区消落带及消落带植被分布

3.1　三峡库区消落带面积及其分布

在《三峡后续工作规划》规划的基准年（2008 年）消落带范围中，上边线选取 177 m 移民迁移线，下边线为防洪限制水位 145 m 接汛期 80%洪水流量的回水水面线。同时，统计范围包含 2008 年已完工的开州区厚坝防护区、已批复的开州区小江调节坝、奉节县胡家坝等已实施项目。统计消落带总面积为 302 km²（水平投影面积，下同），岸线总长度 5 711 km（消落带上边线，下同）。

将消落带上边线由 177 m 移民迁移线调整为土地征收线（土地征收线根据土地征收界桩坐标，在 2008 年 1∶2 000 地类地形图上重新勾绘）；对下边线进行检查，将局部位于 2016 年汛期低水位影像图水面线（高程点）之上的下边线下调修正。同时扣减开州区厚坝防护区、奉节县胡家坝、开州区小江调节坝等已实施项目占用的消落带范围后，统计消落带面积（2008 年）为 292.39 km²，岸线长度为 5 541.36 km。

2008 年试验性蓄水以来，三峡库区消落带的面积和岸线长度发生了变化。本次调查，采取相同方法，即消落带上边线选取土地征收线，下边线为防洪限制水位 145 m 接汛期 80%洪水流量的回水水面线，且不包括开州区厚坝防护区、奉节县胡家坝、开州区小江调节坝等已实施项目占用区，勾绘 2017 年 6 月时点的消落带范围，量算 2017 年 6 月消落带面积和岸线长度，并针对 2017 年 6 月的消落带开展相关工作。在勾绘 2017 年 6 月消落带范围边界时，由自然原因引起的消落带冲淤变化位置分散且缺少相关资料，难以详细勾绘。所以，仅对 2008 年试验性蓄水至 2017 年 6 月实施的工程建设项目所在岸段的消落带上、下边线进行复核、校正，形成 2017 年 6 月的现状消落带范围。经量算，2017 年 6 月，三峡库区消落带面积 284.64 km²，岸线长 5 425.93 km。分类如下。

3.1.1　行政区域划分

湖北省库区消落带面积 37.14 km^2（13.05%），岸线长 847.25 km（15.61%）；重庆市库区消落带面积 247.50 km^2（86.95%），岸线长 4 578.68 km（84.39%），详见表 3-1。

表 3-1　三峡库区消落带面积和岸线长度表（按行政区域划分）

省（市）	区（县）	面积/km^2	岸线长度/km
湖北省	夷陵区	4.58	82.63
	秭归县	19.59	420.95
	兴山县	3.76	84.72
	巴东县	9.21	258.95
	合计	37.14	847.25
重庆市	巫山县	23.07	489.48
	巫溪县	0.56	12.23
	奉节县	19.92	322.89
	云阳县	39.62	708.30
	万州区	25.14	349.29
	开州区	17.30	282.60
	忠县	28.02	476.97
	石柱土家族自治县	4.89	68.56
	丰都县	17.69	257.70
	涪陵区	31.21	580.07
	武隆区	4.44	131.46
	长寿区	4.26	114.49
	渝北区	3.60	128.31
	巴南区	13.46	201.79
	重庆七区	13.53	410.38
	江津区	0.79	44.16
	合计	247.50	4 578.68
总计		284.64	5 425.93

注：重庆七区是指渝中区、南岸区、江北区、沙坪坝区、北碚区、大渡口区、九龙坡区，余同。

3.1.2　干、支流划分

长江干流消落带面积 117.60 km²（41.32%），岸线长 1 885.66 km（34.75%）；支流消落带面积 167.04 km²（58.68%），岸线长 3 540.27 km（65.25%），详见表 3-2。

表 3-2　三峡库区消落带面积和岸线长度表（按干、支流划分）

河流名称		面积/km²	岸线长度/km
长江干流		117.60	1 885.66
长江支流	沿渡河	4.67	111.07
	香溪河	6.06	136.04
	大宁河	14.55	250.71
	小江	32.12	490.90
	梅溪河	5.72	77.20
	汤溪河	5.68	109.99
	磨刀溪	5.11	112.47
	渠溪河	2.60	58.70
	龙河	0.93	26.72
	乌江	8.50	240.70
	嘉陵江	3.30	166.05
	御临河	1.10	67.92
	其他支流	76.70	1 691.80
	合计	167.04	3 540.27
总计		284.64	5 425.93

3.1.3　城集镇、农村划分

城集镇消落带面积 67.52 km²（23.72%），岸线长 1 299.67 km（23.95%）；农村消落带面积 217.12 km²（76.28%），岸线长 4 126.26 km（76.05%），详见表 3-3。

表 3-3　三峡库区消落带面积和岸线长度表（按城集镇、农村划分）

省（市）	区（县）	城集镇		农村		总计	
		面积/km²	岸线长度/km	面积/km²	岸线长度/km	面积/km²	岸线长度/km
湖北省	夷陵区	0.37	4.14	4.21	78.49	4.58	82.63
	秭归县	1.86	24.03	17.73	396.92	19.59	420.95

省（市）	区（县）	城集镇		农村		总计	
		面积/km²	岸线长度/km	面积/km²	岸线长度/km	面积/km²	岸线长度/km
湖北省	兴山县	0.96	17.92	2.80	66.80	3.76	84.72
	巴东县	1.50	29.54	7.71	229.41	9.21	258.95
	合计	4.69	75.63	32.45	771.62	37.14	847.25
重庆市	巫山县	1.21	22.70	21.86	466.78	23.07	489.48
	巫溪县	0.05	0.75	0.51	11.48	0.56	12.23
	奉节县	3.03	39.28	16.89	283.61	19.92	322.89
	云阳县	6.48	85.25	33.14	623.05	39.62	708.30
	万州区	5.67	84.00	19.47	265.29	25.14	349.29
	开州区	1.48	53.99	15.82	228.61	17.30	282.60
	忠县	4.96	64.82	23.06	412.15	28.02	476.97
	石柱土家族自治县	1.19	12.43	3.70	56.13	4.89	68.56
	丰都县	5.53	70.12	12.16	187.58	17.69	257.70
	涪陵区	8.61	144.94	22.60	435.13	31.21	580.07
	武隆区	1.80	45.43	2.64	86.03	4.44	131.46
	长寿区	2.13	47.27	2.13	67.22	4.26	114.49
	渝北区	2.42	68.21	1.18	60.10	3.60	128.31
	巴南区	5.93	102.32	7.53	99.47	13.46	201.79
	重庆七区	11.62	341.59	1.91	68.79	13.53	410.38
	江津区	0.72	40.94	0.07	3.22	0.79	44.16
	合计	62.83	1 224.04	184.67	3 354.64	247.50	4 578.68
总计		67.52	1 299.67	217.12	4 126.26	284.64	5 425.93

3.1.4 岸段坡面形成情况划分

人工边坡岸段消落带面积为 34.11 km²（11.98%），岸线长 633.88 km（11.68%）；自然边坡岸段消落带面积 250.53 km²（88.02%），岸线长 4 792.05 km（88.32%），详见表 3-4。

表 3-4 三峡库区消落带面积和岸线长度表（按岸段坡面形成情况划分）

省（市）	区（县）	自然边坡		人工边坡		总计	
		面积/km²	岸线长度/km	面积/km²	岸线长度/km	面积/km²	岸线长度/km
湖北省	夷陵区	3.57	71.33	1.01	11.30	4.58	82.63
	秭归县	18.19	401.89	1.40	19.06	19.59	420.95

续表

省（市）	区（县）	自然边坡		人工边坡		总计	
		面积/km²	岸线长度/km	面积/km²	岸线长度/km	面积/km²	岸线长度/km
湖北省	兴山县	2.51	57.21	1.25	27.51	3.76	84.72
	巴东县	7.85	233.08	1.36	25.87	9.21	258.95
	合计	32.12	763.51	5.02	83.74	37.14	847.25
重庆市	巫山县	22.26	474.13	0.81	15.35	23.07	489.48
	巫溪县	0.42	9.00	0.14	3.23	0.56	12.23
	奉节县	17.88	292.29	2.04	30.60	19.92	322.89
	云阳县	36.98	675.97	2.64	32.33	39.62	708.30
	万州区	21.87	294.16	3.27	55.13	25.14	349.29
	开州区	14.37	192.34	2.93	90.26	17.30	282.60
	忠县	25.44	439.21	2.58	37.76	28.02	476.97
	石柱土家族自治县	3.97	59.87	0.92	8.69	4.89	68.56
	丰都县	14.76	233.20	2.93	24.50	17.69	257.70
	涪陵区	28.27	531.05	2.94	49.02	31.21	580.07
	武隆区	4.26	127.55	0.18	3.91	4.44	131.46
	长寿区	3.14	93.42	1.12	21.07	4.26	114.49
	渝北区	3.36	113.18	0.24	15.13	3.60	128.31
	巴南区	12.15	168.16	1.31	33.63	13.46	201.79
	重庆七区	8.80	295.16	4.73	115.22	13.53	410.38
	江津区	0.48	29.85	0.31	14.31	0.79	44.16
	合计	218.41	4 028.54	29.09	550.14	247.50	4 578.68
总计		250.53	4 792.05	34.11	633.88	284.64	5 425.93

3.1.5　坡度划分

　　人工边坡岸段涉及的消落带未细分坡度，仅统计自然边坡岸段的消落带坡度情况。

　　三峡库区消落带总面积 284.64 km²，扣除人工边坡岸段消落带面积 34.11 km² 后，自然边坡岸段消落带面积为 250.53 km²，其中：缓坡区（<15°）、中缓坡区（15°～25°）和陡坡区（>25°）的消落带面积分别为 147.28 km²（58.79%）、60.22 km²（24.04%）和 43.03 km²（17.18%），详见表 3-5。

表 3-5　三峡库区消落带自然边坡面积汇总表（按坡度划分）　　（单位：km²）

省（市）	区（县）	城集镇				农村				总计
		缓坡区	中缓坡区	陡坡区	合计	缓坡区	中缓坡区	陡坡区	合计	
湖北省	夷陵区	0.05	0.04	0.15	0.24	0.87	0.57	1.89	3.33	3.57
	秭归县	0.30	0.15	0.23	0.68	4.55	3.64	9.32	17.51	18.19
	兴山县	0.15	0.15	0.11	0.41	0.82	0.22	1.06	2.10	2.51
	巴东县	0.10	0.08	0.25	0.43	2.73	1.35	3.34	7.42	7.85
	合计	0.60	0.42	0.74	1.76	8.97	5.78	15.61	30.36	32.12
重庆市	巫山县	0.47	0.40	0.01	0.88	13.77	6.86	0.75	21.38	22.26
	巫溪县	0.02	—	—	0.02	0.35	0.05	—	0.40	0.42
	奉节县	1.59	0.22	—	1.81	11.92	4.05	0.10	16.07	17.88
	云阳县	3.39	1.39	—	4.78	22.56	9.56	0.08	32.20	36.98
	万州区	1.72	2.46	0.48	4.66	11.01	2.98	3.22	17.21	21.87
	开州区	0.15	—	—	0.15	13.68	0.54	—	14.22	14.37
	忠县	1.38	1.11	0.69	3.18	8.88	6.40	6.98	22.26	25.44
	石柱土家族自治县	0.17	0.20	0.07	0.44	1.83	0.73	0.97	3.53	3.97
	丰都县	1.81	2.26	0.74	4.81	5.53	1.60	2.82	9.95	14.76
	涪陵区	3.55	2.10	1.41	7.06	11.83	4.79	4.59	21.21	28.27
	武隆区	1.37	0.16	0.13	1.66	1.90	0.26	0.44	2.60	4.26
	长寿区	0.59	0.86	0.23	1.68	0.57	0.30	0.59	1.46	3.14
	渝北区	1.88	0.35	0.19	2.42	0.39	0.27	0.28	0.94	3.36
	巴南区	3.79	0.57	0.28	4.64	5.93	1.09	0.49	7.51	12.15
	重庆七区	5.03	2.29	0.73	8.05	0.29	0.08	0.38	0.75	8.80
	江津区	0.30	0.08	0.03	0.41	0.06	0.01	—	0.07	0.48
	合计	27.21	14.45	4.99	46.65	110.50	39.57	21.69	171.76	218.41
总计		27.81	14.87	5.73	48.41	119.47	45.35	37.30	202.12	250.53

3.1.6　高程划分

人工边坡岸段的消落带未细分高程，仅统计自然边坡岸段的消落带高程分布情况。

自然边坡岸段消落带面积为 250.53 km²，其中高程≤150 m、高程>150～160 m、高程>160～170 m、高程>170～175 m 和高程>175 m 消落带的面积分别为 30.14 km² （12.03%）、75.12 km²（29.98%）、89.27 km²（35.63%）、41.25 km²（16.47%）和 14.75 km² （5.89%），详见表 3-6。

表 3-6　三峡库区消落带自然边坡面积汇总表（按高程划分）　　（单位：km²）

省（市）	区（县）	≤150 m	>150~160 m	>160~170 m	>170~175 m	>175 m	总计
湖北省	夷陵区	0.70	1.12	1.20	0.55	—	3.57
	秭归县	3.78	6.34	5.51	2.56	—	18.19
	兴山县	0.44	0.86	0.87	0.34	—	2.51
	巴东县	1.10	1.99	3.05	1.71	—	7.85
	合计	6.02	10.31	10.63	5.16	—	32.12
重庆市	巫山县	5.01	6.73	7.18	2.43	0.91	22.26
	巫溪县	0.01	0.10	0.27	0.03	0.01	0.42
	奉节县	3.40	5.98	6.48	1.76	0.26	17.88
	云阳县	6.75	12.35	12.74	4.35	0.79	36.98
	万州区	2.93	7.43	7.41	3.43	0.67	21.87
	开州区	0.64	4.30	6.07	2.97	0.39	14.37
	忠县	2.52	8.87	9.08	4.44	0.53	25.44
	石柱土家族自治县	0.31	1.24	1.57	0.76	0.09	3.97
	丰都县	2.31	4.65	5.00	2.45	0.35	14.76
	涪陵区	0.24	9.28	11.25	5.14	2.36	28.27
	武隆区	—	—	0.98	2.25	1.03	4.26
	长寿区	—	0.11	1.77	0.88	0.38	3.14
	渝北区	—	0.39	1.11	1.02	0.84	3.36
	巴南区	—	3.38	3.93	1.73	3.11	12.15
	重庆七区	—	—	3.80	2.45	2.55	8.80
	江津区	—	—	—	—	0.48	0.48
	合计	24.12	64.81	78.64	36.09	14.75	218.41
	总计	30.14	75.12	89.27	41.25	14.75	250.53

3.2　三峡库区消落带植被及其分布

　　水位的不断波动给陆地生态环境带来了巨大的干扰，消落带植被生态系统变得极为脆弱，导致植物分布格局的改变，使物种多样性急剧减少。植物是消落带生态系统的基础组成部分，消落带植物群落的特征对于进行植被生态修复和研究土地利用模式至关重要。随着三峡水库涨落周期的反复和水淹时间的延长，消落带内的植物已经逐渐适应了这种环境变化。随着植物群落的持续演替，植物的种类组成、物种多样性、生活型及空间分布也在不断变化。

3.2.1 植被调查

1. 调查方法

植被调查主要采取资料数据收集、样本调查及图像解译等相结合的方法。

1）资料收集

植被自然恢复的相关资料主要包括文献、历年监测、科学考察、专题研究、地方植物志等。人工修复项目所需资料主要来源于之前进行的科学研究、试验示范及已经进行的人工修复项目。

2）样本调查

采用的抽样方法包括典型抽样法、样线结合抽样法和系统抽样法。

（1）典型抽样法。在有代表性植物群落或生境的调查样地，设置主样方，但不能将主样方设置在所处群落或生境的边缘位置。乔木和大灌木主样方面积最小为 20 m×20 m；灌木及高大草本主样方面积为 5 m×5 m；草本主样方面积为 1 m×1 m。为了消除在主样方设置时可能由人为主观因素造成的误差，采用等距设置副样方进行调查修正。在每一个主样方的四个对角线方向上，各设有四个尺寸和形状与主样方相同的副样方。主样方和副样方的间距，乔木 20 m，灌木 5 m，草本 2 m。

（2）样线结合抽样法。在样线结合调查中，需要选择有代表性植物群落或生境，并在典型地带设置样线。在生态学实地调查中，可以根据不同物种的分布情况，在样线上等距离地设置样方，样方的间距可以根据实际情况进行调整。

（3）系统抽样法。在有代表性植物群落或生境的调查样地范围内，机械等距地布设样方。样方面积布设与典型抽样法中相同。

3）正射影像图解译

将 2016 年的正射影像图作为数据来源，结合野外调查结果，运用有监督分类的技术对地面类型进行数字化识别，完成消落带植被类型分布图的制作。选取红波段和近红外波段，利用软件计算得出归一化植被指数（normalized difference vegetation index，NDVI），然后结合样方调查数据对其进行验证和修正，最终获得了消落带植被覆盖情况的分布和数值信息。

2. 现场调查内容

现场样方调查主要包括以下内容。

（1）生境因子的基本状况，包括地理位置、经纬度、坡度、坡向、海拔、一般的地形特征、小地形等。

（2）记录群落外貌、群落内植物种类、分布、长势等。

（3）对高度 3 m 以上的乔木进行检尺，记录物种名、胸径、高度，并调查乔木的郁闭度。

（4）灌木种（含树高小于 3 m 的乔木树种）及灌木层盖度、高度。

（5）草本种及草本层盖度、高度。

（6）层间植物，含木质藤本植物和草质藤本植物。

3. 样方分布

根据代表性、对比性和可操作性等原则，结合实地调查情况，总共进行了 251 个样地的调查。共整理了 271 个植被群落样方，包括 189 个自然植被样方和 82 个人工修复植被样方。调查范围包括了三峡库区消落带历年监测站点、自然植被区、保留保护项目区和人工修复项目区。

从样方分布的土壤类型、高程区间、坡度范围及干支流情况来看，主要是土质、高程 >165～175 m、坡度 15°～25° 及干流分布的样方数量较多。调查样方具体情况见表 3-7、表 3-8。

表 3-7　三峡库区消落带区（县）调查样方一览表

省（市）	区（县）	样方数量/个	比例/%
湖北省	夷陵区	9	3.32
	秭归县	26	9.59
	兴山县	13	4.80
	巴东县	22	8.12
	合计	70	25.83
重庆市	巫山县	27	9.96
	巫溪县	2	0.74
	奉节县	29	10.70
	云阳县	38	14.02
	万州区	14	5.17
	开州区	20	7.38

省（市）	区（县）	样方数量/个	比例/%
	忠县	28	10.33
	石柱土家族自治县	3	1.11
	丰都县	7	2.58
	涪陵区	10	3.69
	武隆区	2	0.74
重庆市	长寿区	7	2.58
	渝北区	1	0.37
	巴南区	10	3.69
	重庆七区	3	1.11
	合计	201	74.17
总计		271	100.00

表 3-8　三峡库区消落带调查样方不同属性分布一览表

项目	土壤类型			高程区间/m			坡度范围/（°）			干支流	
	岩质	混合质	土质	>145～155	>155～165	>165～175	<15	15～25	>25	干流	支流
样方数量/个	67	91	113	59	70	142	88	106	77	126	145
比例/%	24.72	33.58	41.70	21.77	25.83	52.40	32.47	39.11	28.41	46.49	53.51

注：由于小数点修约问题，坡度范围比例合计不为 100%。

3.2.2　植被类型

三峡库区消落带植被以草丛类型为主，其面积为 179.86 km^2，占消落带总面积的 63.19%；其次为灌草丛，面积为 26.19 km^2，占 9.20%；再次为灌丛，面积为 8.23 km^2，占 2.89%；农作物分布面积 6.23 km^2，占 2.19%。详见表 3-9。

表 3-9　三峡库区消落带植被类型统计一览表

项目	植被类型				其他非植被		合计
	灌丛	灌草丛	草丛	农作物	人工边坡	裸地	
面积/km^2	8.23	26.19	179.86	6.23	34.11	30.02	284.64
比例/%	2.89	9.20	63.19	2.19	11.98	10.55	100.00

3.2.3　植被覆盖与分布

三峡库区消落带植被覆盖度以>40%~60%为主，面积为 66.09 km²，占消落带总面积的 23.22%；其次为植被覆盖度>20%~40%和>60%~80%区域，面积分别为 59.75 km² 和 37.12 km²，占总面积的 20.99%和 13.04%。植被覆盖度为>80%~100%的区域有 33.51 km²，占总面积的 11.78%。

受边坡类型、土壤肥力及淹没后刚出露而未长植被等因素影响，非植被覆盖区域（植被覆盖度为 0%）面积为 64.31 km²，占总面积的 22.59%。其中自然边坡区域为 30.20 km²，其主要为坡度较大的岩质边坡和混合质边坡，主要分布在奉节、巫山、巴东等中山峡谷地带；人工边坡区域为 34.11 km²，主要分布在城集镇周边地带。详见表 3-10。

表 3-10　三峡库区消落带植被覆盖度统计一览表

项目	植被覆盖度						合计
	0%	>0%~20%	>20%~40%	>40%~60%	>60%~80%	>80%~100%	
面积/km²	64.31	23.86	59.75	66.09	37.12	33.51	284.64
所占比例/%	22.59	8.38	20.99	23.22	13.04	11.78	100.00

三峡库区消落带的植被覆盖面积随着水位高程的增加而逐渐增多（张晟，2013）。在高程>145~155 m 的区域，植被覆盖非常稀少，大约占该高程段森林带的 4.96%。三峡水库水位不断变化，导致该高程消落带常年被淹没，植被受到较大干扰（穆建平，2012）。6~9 月是整体出露期，与长江流域的汛期同步。在这个时期，区域降雨和上游水量大幅增加，导致该地经常受到洪水袭击，短期内被淹没，水土侵蚀情况相对严重。同时，由于三峡库区夏季温度较高，出露期也可能受到干旱威胁，土壤易干裂，某些植物的生长遭受限制。在高程>155~165 m 区段，植被覆盖总面积约占该高程段消落带面积的 16.09%。该高程位于消落带中部，此处一年中大约有一半的时间会被水库水淹没。整体上，消落带在 5~10 月中旬的出露期与水库区域的光热水资源集中期一致，表现出南亚热带气候的热量优势，具有充足的光照和丰沛的降水，可以满足许多植物对光、热、水资源的需求，适合多数耐淹的灌木和喜湿的禾草植物生长。在高程>165~175 m 区段上，植被覆盖面积最大，达到该高程段消落带面积的 44.77%。该高程处于消落带上部，此处消落带约有 1/4 的时间被水库水淹没。整体出露期（2~10 月下旬）与植被生长季节相吻合，适合大多数植物生长，且汛期洪水无法达到此高程，因此不受水库水体影响，并与高程>175 m 区域形成生态交错带。

随着坡度的增大，三峡库区消落带的植被覆盖面积呈现逐渐减少的趋势，符合消落带面积分布特征（图 3-1）。在消落带中，植被覆盖面积最多的地方是坡度>0°~15°的区域，面积约占消落带总面积的 12.35%。坡度>60°~90°区间的消落带植被覆盖最稀少，仅占该区域总面积的 0.07%。在>15°~25°、>25°~35°、>35°~60°的坡度范围内，消落带的植被覆盖面积分别占消落带总面积的 6.25%、4.21%、3.2%。除奉节—夷陵这一段外，江津—长寿段和涪陵—云阳段的消落带植被覆盖面积也会随着坡度的增加而逐渐减少。

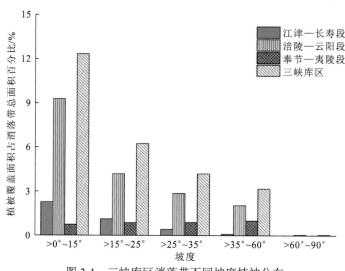

图 3-1　三峡库区消落带不同坡度植被分布

3.2.4　植被群落分布

在长江干流奉节以上区域，大部分的植物种类集中在三峡库区消落带，以一年生的草本植物为主。狗牙根、苍耳（*Xanthium sibiricum*）等植物在不同的地区能够逐渐形成相对稳定的植物群落。在奉节以下的江段，江面开始急速变窄，江水湍急，加之沿岸多为碎石坝且坡度较陡，土壤质量也相对较差。在这个地区，植物种类相对不多，植被比较稀疏，主要生长有狗牙根、苍耳、牛鞭草（*Hemarthria altissima*）和稗等植物。干流和主要支流植被种类的分布基本一致，均以草本植物为主，但在库湾支流附近的植被类型因受人为因素影响，也分布了玉米、黄豆、芝麻等农作物。

在三峡库区消落带植物群落调查结果的基础上，选取狗牙根、苍耳、狗尾草（*Setaria viridis*）、艾蒿（*Artemisia argyi*）、鬼针草（*Bidens bipinnata*）、五节芒（*Miscanthus floridulus*）、苍耳+狗牙根、草木樨（*Melilotus officinalis*）8 种主要植物群落，分别从边坡类型（岩质边坡、混合质边坡及土质边坡）、高程区间（>145～155 m、>155～165 m、>165～175 m）、坡度（<15°、15°～25°、>25°）3 方面进行统计分析，得出植物群落构成和盖度的分布情况。为方便数据分析，将植物群落盖度分为低（<0.35）、中（0.35～0.70）和高（>0.70）三个等级，盖度越高，植物生长情况越良好（肖志豪 等，2022）。

1. 不同边坡类型植物群落

自然边坡可根据岩土结构的特点分为土质、岩质和混合质三种类型。土质边坡和混合质边坡土壤类型包括紫色土、石灰性黄壤、水稻土、冲积土及水位变动导致的残留沉积物（淤土）。在土质边坡和混合质边坡上，狗牙根植物群落是最主要的，数量最多，其次是苍耳，而狗尾草、鬼针草、艾蒿和五节芒等植物分布较少。在岩质边坡上，植物的数量分布稀少，但主要群落仍然是狗牙根植被。如图 3-2 所示，在 8 种主要植物群落的植物样方中，狗牙根群落占据绝对的主导地位。

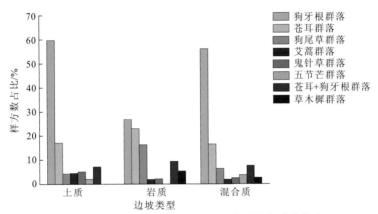

图 3-2　三峡库区消落带不同边坡类型植物群落构成

2. 不同高程区间植物群落

在高程>145～175 m 的不同区域内，狗牙根群落数量较多且分布广泛，其次为苍耳群落和狗尾草群落。在高程>145～155 m 的区间内，消落带的植被分布稀少，以狗牙根植被为主。随着高程的增加，狗牙根植被的相对优势有所降低，苍耳、狗尾草、艾蒿、鬼针草等植物种类和数量增加，草本植物种类也更加丰富。在 8 种主要植物群落的植物样方中，狗牙根群落明显占据数量优势（图 3-3）。

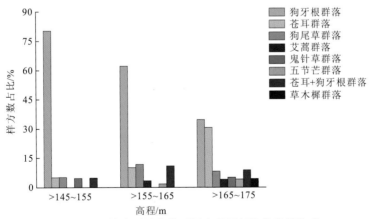

图 3-3　三峡库区消落带不同高程区间植物群落构成

3. 不同坡度范围植物群落

在不同坡度范围内，狗牙根群落广泛分布且占据主导地位，尤其是在坡度 15°～25°

的中缓坡区内最为突出。在缓坡区（坡度<15°）和陡坡区（坡度>25°）内除了狗牙根群落外，苍耳群落分布较广泛，其他物种群落也有分布，但数量相对较少。中缓坡区内的植物群落中，苍耳、狗尾草和苍耳+狗牙根等植物的分布相对丰富。狗牙根植物群落在不同坡度范围上均占据绝对数量优势（图3-4）。

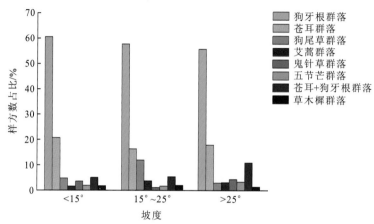

图 3-4　三峡库区消落带不同坡度范围植物群落构成

3.2.5　植被群落变化

自三峡水库运行后，周期性变化的水位对当地生态环境产生了重要影响，导致消落带的原始生境条件和生态系统受到极大破坏，原生植被大量减少，植物多样性急剧下降。在三峡水库 2001 年建成之前，整个库区的植物物种种类繁多，包括 121 科 400 属 769 种维管植物，以多年生草本为主，远远超过了一年生草本和灌木的比例。对三峡水库蓄水前后消落带植物群落的分布特征和多样性进行分析，结果显示蓄水后植物物种数减少，出现了单属、单种现象，并且群落组成简单化，长期淹水导致植物丰富度进一步退化，很多多年生植物，特别是乔木和灌木被淘汰，优势植物生活型变为一年生草本。在三峡水库水位反季节性周期性涨落的情况下，草本植物（包括一年生和多年生植物）生活型代替了乔木、灌木和藤本植物生活型。

1. 植被群落组成

2017 年退水后（6 月）对库区消落带干流及主要支流植物群落进行了调查，包括重庆市巴南区、长寿区、涪陵区、万州区、开州区、丰都县、忠县、云阳县、奉节县、巫山县，恩施土家族苗族自治州巴东县，宜昌市兴山县、秭归县等地区。调查结果显示，消落带共有维管植物 19 科 48 属 57 种（表 3-11～表 3-13），存在大量寡种属和单种属，尤其是单种属，占据了总属数的 85.4%，而这两类所辖的物种占总物种的 96.5%。植被生活型主要以草本植物为主，其中占比达 66.7% 的是一年生草本，多年生草本占比为 29.8%，而灌木和藤本的比例都相对较低。

表 3-11　2017 年 6 月三峡库区消落带维管植物科的大小统计

类别及比例	单种科（1 种）	小科（2～9 种）	中等科（10～29 种）	较大科（≥30 种）	合计
科	10	8	1	—	19
比例/%	52.6	42.1	5.3	—	100
属	10	25	13	—	48
比例/%	20.8	52.1	27.1	—	100
种	10	34	13	—	57
比例/%	17.5	59.6	22.8	—	100

注：由于小数点修约问题，种比例合计不为 100%。

表 3-12　2017 年 6 月三峡库区消落带维管植物属的大小统计

类别及比例	单型属	单种属	寡种属	多种属	大属	合计
		1 sp.	2～5 spp.	6～10 spp.	≥11 spp.	
属	2	41	5	0	—	48
比例/%	4.2	85.4	10.4	0	—	100
种	2	41	14	0	—	57
比例/%	3.5	71.9	24.6	0	—	100

表 3-13　2017 年 6 月三峡库区消落带维管植物生活型统计

种数及比例	生活型				
	乔木	灌木	藤本	一年生草本	多年生草本
种数	0	2	0	38	17
比例/%	0	3.5	0	66.7	29.8

　　2017 年蓄水前（9 月），对重庆市巴南区、长寿区、涪陵区、开州区、丰都县、忠县、云阳县、奉节县、巫山县，恩施土家族苗族自治州巴东县，宜昌市兴山县和秭归县等地消落带调查。结果显示，消落带共有维管植物 22 科 45 属 52 种（表 3-14～表 3-16），没有发现物种数在 10 种以上的大属，存在大量寡种属和单种属，尤其是单种属，占据了总属数的 86.7%，而这两类所辖的物种占总物种的 97.8%。草本植物在植被生活型中占主导地位，其中一年生草本物种占据 53.9%，多年生草本物种占据 36.5%，而乔木和灌木占据的比例相对较少。

表 3-14　2017 年 9 月三峡库区消落带维管植物科的大小统计

类别及比例	单种科	小科	中等科	较大科	合计
	1 sp.	2～9 spp.	10～29 spp.	≥30 spp.	
科	13	8	1	—	22
比例/%	59.1	36.4	4.5	—	100
属	12	23	10	—	45
比例/%	26.7	51.1	22.2	—	100
种	12	29	11	—	52
比例/%	23.1	55.8	21.2	—	100

注：由于小数点修约问题，种比例合计不为 100%。

表 3-15　2017 年 9 月三峡库区消落带维管植物属的大小统计

类别及比例	单型属	单种属	寡种属	多种属	大属	合计
		1 sp.	2～5 spp.	6～10 spp.	≥11 spp.	
属	1	39	5	0	—	45
比例/%	2.2	86.7	11.1	0	—	100
种	1	39	12	0	—	52
比例/%	1.9	75.0	23.1	0	—	100

表 3-16　2017 年 9 月三峡库区消落带维管植物生活型统计

种数及比例	生活型				
	乔木	灌木	藤本	一年生草本	多年生草本
种数	0	2	3	28	19
比例/%	0.0	3.8	5.8	53.8	36.5

注：由于小数点修约问题，种比例合计不为 100%。

　　三峡水库建设初期，王勇等（2002）曾对三峡库区自然消落带植物进行了研究，发现消落带分布的维管植物包括 83 科、240 属、405 种。然而，根据 2009 年的调查结果，蓄水后维管植物仅剩 61 科、169 属、231 种，分别减少了 26.51%、29.58%、42.96%。此外，优势生活型由多年生草本转变为一年生草本，植物群落结构变得更加脆弱（刘维暐 等，2011）。作者于 2017 年 6 月和 9 月对库区消落带分布的维管植物进行了调查，并与 2002 年的调查数据进行比较，其结果表明 6 月的科、属、种分别减少了 77.11%、80.00% 和 85.93%；9 月的科、属、种分别减少 73.49%、81.25% 和 87.16%。三峡水库"冬蓄夏泄"的水位调度方式迫使消落带植物群落面对显著缩短的生长期，这种变化对消落带物种组成、群落结构和分布格局产生重要影响（张爱英 等，2016；王强 等，2011a）。

2. 群落物种多样性

2018 年 7 月，在秭归段继续开展消落带土壤与植被外业调查，结合前期积累数据及外业资料，深入开展三峡库区消落带现存植物自然分布特征与群落物种多样性研究。

1）野外植被调查取样

2018 年 8 月，在秭归县茅坪镇典型消落带区域内确定了固定样地，选择了代表性较强的次生植被和弃耕地植被作为研究对象。每个样地沿消落带下部（高程>145～155 m 区域）、中部（高程>155～165 m 区域）和上部（高程>165～175 m 区域），分别布设了 10 m×30 m 样带，每个样带内设置 5 个 2 m×2 m 的乔木幼苗幼树和灌木调查样方，同时在每个样方内设置了 5 个 1 m×1 m 的草本调查样方，间距为 10 m。现场记录每种植物的种名、盖度、数量、高度和植物生活型，对于丛生草本和灌木，以地面以上生长的单株为单元。使用多功能坡度仪来测量样方的坡度，并使用手持全球定位系统（global positioning system，GPS）来测定每个样方的高程。

2）数据处理

（1）重要值（I_v）。选取重要值作为评价群落中各物种相对重要性的综合数量指标。分别计算乔木层、灌木层及草本层的重要值，计算公式为

重要值＝（相对密度＋相对频度＋相对优势度）/3

灌草重要值＝（相对密度＋相对频度＋相对盖度）/3

式中：相对密度＝（某种植物的个体数/全部植物的个体数）×100%；相对频度＝（该种的频度/所有种的频度总和）×100%；相对优势度＝（样方中该种个体胸面积和/样方中全部个体胸面积总和）×100%；相对盖度＝（样方中该种个体的分盖度/样方中全部个体的分盖度总和）×100%。

（2）生物多样性指数。生物多样性指数分析，根据植被生态特征指数进行生物多样性的空间分布特征分析，具体指标包括香农-维纳（Shannon-Wiener）多样性指数（H）、皮卢（Pielou）均匀度指数（E）、辛普森（Simpson）优势度指数（D）、丰富度指数（S）。

香农-维纳多样性指数表征群落的复杂程度，即群落中生物种类增多，香农-维纳多样性指数值愈大，群落所含的信息量愈大。

$$H = -\sum (p_i \ln p_i) \tag{3-1}$$

皮卢均匀度指数表征群落中不同物种的多度（生物量、盖度或其他指标）分布的均匀程度。

$$E = H \ln S \tag{3-2}$$

辛普森优势度指数表示植物群落内各植物种类处于何种优势或劣势状态的群落测定度，是对多样性的反面即集中性的度量。

$$D = \frac{N(N-1)}{\sum n_i(n_i-1)} \tag{3-3}$$

丰富度指数可采用单位面积的物种数目表征，即物种密度。

$$S = 样方物种数$$

式中：p_i 表示第 i 个物种的多度比例；S 代表出现物种的个数；n_i 表示第 i 个物种的个体数；N 代表出现物种的个体总数。

（3）生态位宽度。生态位宽度采用 Levin 提出，经 Corwell 修正的公式计算：

$$B_i = \frac{1}{r \times \sum_{h=1}^{r}(p_{ih})^2} \tag{3-4}$$

式中：B_i 为第 i 物种的生态位宽度；p_{ih} 为第 i 物种在第 h 个资源水平下的重要值占该种在所有资源水平上重要值总和的比例；r 为资源水平数。

调查结果表明：区域内植被主要由一年生和多年生的草本植物组成，共发现和确认草本植被群落 22 科 46 属 52 种，其中：禾本科（Gramineae）6 属 6 种；菊科（Compositae）9 属 9 种；蓼科（Polygonaceae）1 属 3 种；大戟科（Euphorbiaceae）5 属 6 种；玄参科（Scrophulariaceae）2 属 2 种；莎草科（Cyperaceae）2 属 3 种；桑科（Moraceae）2 属 2 种；壳斗科（Fagaceae）1 属 2 种；葫芦科（Cucurbitaceae）2 属 2 种；豆科（Leguminosae）4 属 5 种；其他科如荨麻科（Urticaceae）、旋花科（Convolvulaceae）、苋科（Amaranthaceae）、藤黄科（Guttiferae）、山矾科（Symplocaceae）、马钱科（Loganiaceae）、马齿苋科（Portulacaceae）、金缕梅科（Hamamelidaceae）、海金沙科（Lygodiaceae）、防己科（Menispermaceae）、紫草科（Boraginaceae）、黍亚科（Panicoideae）均为 1 属 1 种。草本植物种类最多的是禾本科，其次是菊科、蓼科和大戟科，它们分别占该地区草本植物总数的 41.7%、29.1%、11.5% 和 7.6%，是该地区的主要优势植物科。其他科没有太大区别，单一种、属现象很明显。在三峡库区水位波动作用下，高程与香农-维纳多样性指数、皮卢均匀度指数、丰富度指数、辛普森优势度指数之间呈显著相关性，其幂指数关系拟合系数 r 值分别为 0.834、0.824、0.817 和 0.808（详见图 3-5）。随着高程的升高，库区物种多样性呈现出"单峰"分布格局。物种丰富度指数在高程 >145～155 m 最低，为 29.6，而在高程 >155～165 m 最高，达到 45.8。随着高程的增大，物种丰富度、多样性、均匀度和优势度先增加后减少。香农-维纳多样性指数随高程变化的范围为 2.24～2.84；皮卢

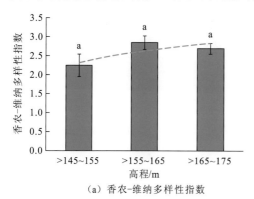

（a）香农-维纳多样性指数

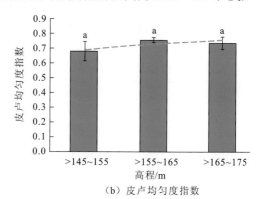

（b）皮卢均匀度指数

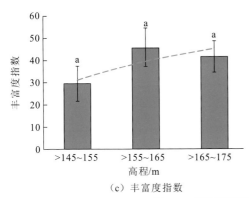
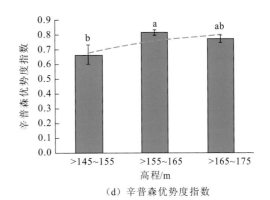

（c）丰富度指数   （d）辛普森优势度指数

图 3-5 沿高程梯度的消落带物种多样性格局

a、b 代表显著性水平的标注（$P < 0.05$）。a 与 ab 差异不显著；b 与 ab 差异不显著；a 与 b 差异显著

均匀度指数随高程的变化范围为 0.68～0.76；辛普森优势度指数随高程的变化范围为 0.67～0.81，最高值均出现在高程 > 155～165 m 区段。不同高程地区的物种多样性分布格局，反映了多样性与资源生产力之间的单调关系（孙鹏飞 等，2020；郭燕 等，2019b，2018）。

消落带秭归段区域植物共包含 9 种生活型（表 3-17），其中，高程 > 145～155 m 区段生活型 4 种；高程 > 155～165 m 区段生活型 4 种；高程 > 165～175 m 区段 7 种。一年生草本植物在低高程地区占据主导地位，但随着高程的增加，库区内的植物生活型变得更加多样化，例如，藤本、灌木和落叶乔木等生活型开始逐渐增多且种类更加丰富。具体表现如下：其中高程 > 145～155 m 区段一年生草本植物有 19 种，占统计植物种类的 73.1%；5 种多年生草本植物占统计植物种类的 19.2%；一、二年生草本植物占统计植物种类的 3.8%；蔓生草本植物占统计植物种类的 3.8%。在高程 > 155～165 m 的区段中，共有 18 种一年生的草本植物，占统计植物种类的 66.7%；7 种多年生草本植物占统计植物种类的 25.9%；一、二年生草本植物占统计植物种类的 3.7%；落叶乔木占统计植物种类的 3.7%。在高程 > 165～175 m 的区间内，有 20 种一年生草本植物，占统计植物种类的 52.6%；8 种多年生草本植物占统计植物种类的 21.1%；一、二年生草本植物，占总植物种类的 0.9%；其他生活型如一年或多年生草本、木质藤本和蕨类各 1 种，共占总植物种类的 7.9%。高程的增加并没有导致主要生活型的比例下降，却会促进生活型的多样性增加。

表 3-17 秭归段消落带植物的生活型

高程/m	种数	生活型	分比例/%	总比例/%
	19	一年生草本	73.1	24.4
	5	多年生草本	19.2	6.4
>145～155	1	一、二年生草本	3.8	1.3
	1	蔓生草本	3.8	1.3

续表

高程/m	种数	生活型	分比例/%	总比例/%
>155～165	18	一年生草本	66.7	22.2
	7	多年生草本	25.9	8.6
>155～165	1	一、二年生草本	3.7	1.2
	1	落叶乔木	3.7	1.2
>165～175	20	一年生草本	52.6	17.5
	8	多年生草本	21.1	7.0
	1	一、二年生草本	2.6	0.9
	9	其他	23.7	7.9

注：分比例指某一生活型占该高程物种数的比例；总比例指某一生活型占全部高程物种数的比例；其他生活型为一年或多年生草本、木质藤本和蕨类。由于小数点修约问题，比例合计不为100%。

3. 优势物种空间格局

对三峡库区秭归段消落带的草本植物种群空间分布和生态位特征进行研究，以揭示长期水位变动后消落带优势植物对可利用资源分享、不同环境下植物种群生态位和植物间竞争与共存机制。结果表明：秭归段消落带共有草本植物 39 种，隶属 18 科 32 属，以禾本科、菊科、蓼科和大戟科植物为主；低高程生态系统中的草本植物种类最少，对生存环境要求最苛刻，例如，附地菜（*Trigonotis peduncularis*）、雍菜（*Ipomoea aquatica*）、斑地锦（*Euphorbia maculata*）等 5 种植物仅限于该高程范围内生长。随着高程的增加，许多"新"植物不断出现：如表 3-18 所示，高程>155～165 m 区段相较于高程>145～155 m 区段，增加了巴东醉鱼草（*Buddleja albiflora*）、马齿苋（*Portulaca oleracea*）、具芒碎米莎草（*Cyperus microiria*）、野艾蒿（*Artemisia lavandulaefolia*）、鬼针草（*Bidens bipinnata*）等 5 种植物。高程>165～175 m 区段的植物种类除继续保存了野艾蒿（*Artemisia lavandulaefolia*）、鬼针草（*Bidens bipinnata*）等 2 种植物外，又增加了千里光（*Senecio scandens*）、茵陈蒿（*Artemisia capillaris*）、荩草（*Arthraxon hispidus*）等 8 种植物，但铁苋菜（*Acalypha australis.*）、叶下珠（*Phyllanthus urinaria*）、葡茎通泉草（*Mazus miquelii*）等 6 种植物消失了。水库水位的升降频率、淹没程度和持续时间等因素对消落带植被产生不同的影响。不同高程对植物种类的分布有影响，比如在高程>145～155 m 区段，主要优势植物包括狗牙根、蜜甘草（*Phyllanthus ussuriensis*）和狗尾草。在高程>155～165 m 区段，主要的优势植物包括狗牙根、狗尾草和毛马唐（*Digitaria chrysoblephara*）。在高程>165～175 m 区段，狗尾草、苍耳和毛马唐是主要优势物种。在三峡库区秭归段，经历了 7 次水位涨落周年后，消落带的植物多样性和植物群落结构发生了显著变化，植被多样性减少，高程差异性明显增加，中高程区段的物种多样性最为显著。区域生物群落

表 3-18　不同高程消落带草本植物组成及生态位宽度变化

编号	草本植物名称	生活型	科	属	高程/m					
					>145~155		>155~165		>165~175	
					I_v	B_i	I_v	B_i	I_v	B_i
1	水蓼 Polygonum hydropiper	一年生草本	蓼科	蓼属	0.039	0.297	0.014	0.692	0.001	0.200
2	红蓼 Polygonum orientale	一年生草本	蓼科	蓼属	0.017	0.344	0.018	0.333	0.019	0.467
3	酸模叶蓼 Polygonum lapathifolium	一年生草本	蓼科	蓼属	0.035	0.705	0.007	0.276	0.002	0.200
4	藿香蓟 Ageratum conyzoides	一年生草本	菊科	藿香蓟属	0.006	0.200	0.004	0.200	0.002	0.200
5	苍耳 Xanthium sibiricum	一年生草本	菊科	苍耳属	0.008	0.426	0.053	0.646	0.126	0.433
6	狼耙草 Bidens tripartita	一年生草本	菊科	鬼针草属	0.016	0.346	0.050	0.716	0.042	0.621
7	鬼针草 Bidens bipinnata	一年生草本	菊科	鬼针草属	—	—	0.003	0.200	0.013	0.238
8	旱莲草 Eclipta prostrata	一年生草本	菊科	鳢肠属	0.008	0.398	0.016	0.424	0.028	0.348
9	一年蓬 Erigeron annuus	一、二年生草本	菊科	飞蓬属	0.001	0.200	0.002	0.200	0.062	0.452
10	千里光 Senecio scandens	多年生草本	菊科	千里光属	—	—	—	—	0.002	0.200
11	野艾蒿 Artemisia lavandulaefolia	多年生草本	菊科	蒿属	—	—	0.009	0.352	0.080	0.350
12	茵陈蒿 Artemisia capillaris	多年生草本	菊科	蒿属	—	—	—	—	0.002	0.200
13	斑地锦 Euphorbia maculata	一年生草本	大戟科	大戟属	0.001	0.200	—	—	—	—
14	蜜甘草 Phyllanthus ussuriensis	一年生草本	大戟科	叶下珠属	0.092	0.339	0.039	0.403	0.012	0.396
15	铁苋菜 Acalypha australis	一年生草本	大戟科	铁苋菜属	0.009	0.239	0.002	0.371	—	—
16	叶下珠 Phyllanthus urinaria	一年生草本	大戟科	叶下珠属	0.002	0.200	0.001	0.200	—	—
17	狗尾草 Setaria viridis	一年生草本	禾本科	狗尾草属	0.090	0.617	0.257	0.922	0.265	0.915
18	稗 Echinochloa crusgalli	一年生草本	禾本科	稗属	0.006	0.200	0.044	0.423	0.009	0.347
19	水田稗 Echinochloa oryzoides	一年生草本	禾本科	稗属	0.075	0.361	0.066	0.369	0.000	0.200
20	荩草 Arthraxon hispidus	一年生草本	禾本科	荩草属	—	—	—	—	0.010	0.387

续表

编号	草本植物名称	生活型	科	属	高程/m					
					>145~155		>155~165		>165~175	
					I_v	B_i	I_v	B_i	I_v	B_i
21	毛马唐 Digitaria chrysoblephara	一年生草本	禾本科	马唐属	0.027	0.218	0.159	0.788	0.124	0.426
22	狗牙根 Cynodon dactylon	多年生草本	禾本科	狗牙根属	0.468	0.842	0.184	0.728	0.122	0.086
23	附地菜 Trigonotis peduncularis	一年生草本	紫草科	附地菜属	0.006	0.200	—	—	—	—
24	西瓜 Citrullus lanatus	一年生草本	葫芦科	西瓜属	0.004	0.200	—	—	—	—
25	冬瓜 Benincasa hispida	一年生草本	葫芦科	冬瓜属	0.002	0.200	—	—	—	—
26	地果 Ficus tikoua	一年生草本	桑科	榕属	—	—	—	—	0.002	0.200
27	葎草 Humulus scandens	一年生缠绕草本	桑科	葎草属	—	—	—	—	0.001	0.200
28	紫萼蝴蝶草 Impatiens platychlaena	一年生草本	玄参科	蝴蝶草属	0.001	0.200	0.002	0.397	0.004	0.328
29	具芒碎米莎草 Cyperus microiria	一年生草本	莎草科	莎草属	—	—	0.001	0.200	—	—
30	两型豆 Amphicarpaea edgeworthii	一年生草本	豆科	两型豆属	—	—	—	—	0.001	0.200
31	合萌 Aeschynomene indica	一年生草本	豆科	合萌属	—	—	—	—	0.004	0.200
32	马齿苋 Portulaca oleracea	一年生草本	马齿苋科	马齿苋属	—	—	0.000	0.200	—	—
33	土荆芥 Chenopodium ambrosioides	一年或多年生草本	藜科	藜属	—	—	—	—	0.004	0.400
34	葡茎通泉草 Mazus miquelii	多年生草本	玄参科	通泉草属	0.006	0.200	0.011	0.200	—	—
35	香附子 Cyperus rotundus	多年生草本	莎草科	莎草属	0.050	0.367	0.039	0.334	0.008	0.200
36	雍菜 Ipomoea aquatica	蔓生草本	旋花科	番薯属	0.003	0.200	—	—	—	—
37	喜旱莲子草 Alternanthera philoxeroides	多年生草本	苋科	莲子草属	0.018	0.337	0.001	0.328	0.002	0.200
38	翅茎冷水花 Pilea subcoriacea	多年生草本	荨麻科	冷水花属	0.011	0.200	0.014	0.378	0.008	0.396
39	巴东醉鱼草 Buddleja albiflora	多年生草本	马钱科	醉鱼草属	—	—	0.002	0.200	—	—

注：一代表物种消失；I_v代表重要值；B_i代表生态位宽度。

呈现出结构简单化，以一年生草本植物为主，并且单一种、单一属的现象明显，导致群落的多样性下降。三峡库区消落带植物群落结构及物种由环境资源结构决定，在不同高程消落带呈现出特定的生存对策。目前，各个高程消落带区段时常受到周期性水淹，持续时间长达 7 年，导致其植物群落的稳定性明显不如水淹初期。且库区物种在资源匮乏、不稳定的生境中的种间竞争依然激烈，消落带植被仍处于群落演替的初级阶段。

3.3　本章小结

本章通过勾绘 2017 年 6 月时点的消落带范围，量算 2017 年 6 月消落带面积和岸线长度，按不同类型分类统计消落带面积、岸线长度。采取资料数据收集、样本调查及图像解译相结合的方法，调查消落带植物类型、植被盖度与分布、植被群落分布及其群落变化，探讨植被分布与高程、坡度的关系，揭示植被群落与边坡类型、高程、坡度的响应规律，分析物种多样性随高程梯度的变化规律。主要研究结论如下。

（1）与 2008 年相比三峡水库消落带面积与岸线长度均有所减少，2017 年 6 月三峡水库消落带面积为 284.64 km^2，岸线长为 5 425.93 km。其中，湖北库区消落带面积 37.14 km^2（13.05%），岸线长 847.25 km（15.61%），重庆库区消落带面积 247.50 km^2（86.95%），岸线长 4 578.68 km（84.39%）；长江干流消落带面积 117.60 km^2（41.32%），岸线长 1 885.66 km（34.75%），支流消落带面积 167.04 km^2（58.68%），岸线长 3 540.27 km（65.25%）；城集镇消落带面积 67.52 km^2（23.72%），岸线长 1 299.67 km（23.95%），农村消落带面积 217.12 km^2（76.28%），岸线长 4 126.26 km（76.05%）；人工边坡岸段消落带面积为 34.11 km^2（11.98%），岸线长 633.88 km（11.68%），自然边坡岸段消落带面积 250.53 km^2（88.02%），岸线长 4 792.05 km（88.32%）。

（2）三峡库区消落带植被类型中，草丛面积最大，占消落带总面积的 63.19%；植被覆盖度以 >40%～60% 为主，占消落带总面积的 23.22%。自然边坡植被覆盖度随着高程的升高逐渐增加，在高程 >145～155 m 的区域，植被覆盖度最低，植被覆盖面积约占此高程段消落带的 4.96%。在高程 >165～175 m 的地段，植被覆盖度最高，植被覆盖面积约占此高程段消落带的 44.77%。植被覆盖面积随坡度的变化趋势与消落带面积分布特征一致，均表现为随坡度的升高而逐渐降低。

（3）三峡水库蓄水后长期的淹水使植物丰富度退化，植物物种数明显减少，单属、单种现象明显，群落组成简单化，大量多年生植物尤其是乔木和灌木，在该地区被逐渐淘汰，致使一年生草本植物成为主要优势植物生活型，消落带植被仍处于群落演替的初级阶段。消落带植被在不同高程消落带呈现出特定的生存对策，库区内植物物种多样性随着海拔变化呈现出"单峰"分布格局，即随着高程的升高，物种丰富度、多样性、均匀度和优势度先增加后减少。在高程较低的区段（高程 >145～155 m），植物物种多样性最低；而在中等高程区段（高程 >155～165 m），植物物种多样性最高。

第4章 三峡库区消落带植被衰退/恢复机制

4.1 三峡库区消落带植被衰退机制

4.1.1 植物耐淹能力

对三峡水库未成库高水位蓄水前（2008 年 9 月）、成库第一次高水位蓄水水淹后（2009 年 9 月）、成库运行 10 年后（2018 年 8 月）库区典型消落带的植被进行研究，调查统计分析不同年份消落带植被的物种组成和各生长型植物的物种数量，图 4-1～图 4-3 所示分别为三峡库区典型消落带在水库高水位蓄水前（2008 年）和高水位蓄水后不同年份（2009 年、2018 年）各高程调查样方中具有的所有植物物种数量、一年生植物物种数量及多年生植物物种数量（图中数值显示平均值±标准差，乔木、灌木、草本植物的调查样方面积大小分别为 100 m²、25 m²、9 m²），图 4-4 所示为三峡库区典型消落带在退水后各高程一年生植物幼苗库的数量特征，研究发现植物对三峡水库蓄水水淹的耐受能

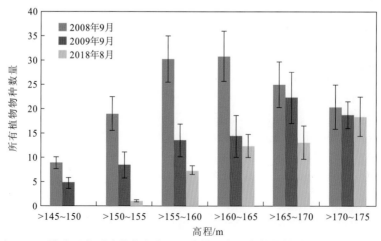

图 4-1　三峡库区典型消落带各高程调查样方中所有植物物种数量的年际变化

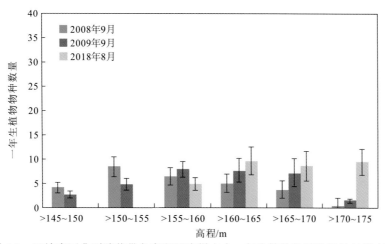

图 4-2 三峡库区典型消落带各高程调查样方中一年生植物物种数量的年际变化

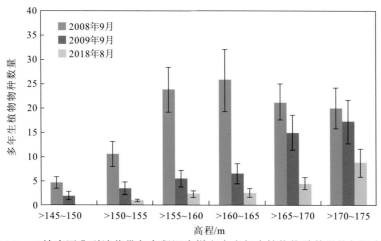

图 4-3 三峡库区典型消落带各高程调查样方中多年生植物物种数量的年际变化

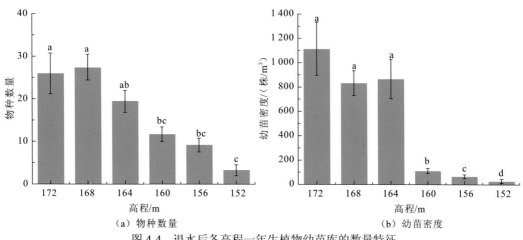

（a）物种数量 （b）幼苗密度

图 4-4 退水后各高程一年生植物幼苗库的数量特征

力是影响消落带中不同类型植物的种群大小及能否可持续存在于消落带中的关键因素。在三峡水库建成运营前，消落带中原有植被为典型的陆生植被，消落带现有植被是在原有植被的基础上发展而来的（表 4-1）。

表 4-1　三峡库区消落带各高程区域不同类型植物物种数量（平均值）的年际变化

年份	高程/m	多年生乔木种数	多年生灌木种数	多年生木质藤本种数	多年生草质藤本种数	多年生草本种数	一年生草本种数
2008 年蓄水前	>145~150	0	1	0	1	14	14
	>150~155	2	5	3	2	13	12
	>155~160	10	9	4	4	17	12
	>160~165	9	8	3	4	17	12
	>165~170	9	8	3	4	16	10
	>170~175	11	10	3	2	13	8
2009 年蓄水前	>145~150	0	0	0	0	4	8
	>150~155	1	2	0	1	5	14
	>155~160	0	4	1	1	12	17
	>160~165	2	4	1	1	14	18
	>165~170	3	6	2	2	10	12
	>170~175	4	4	2	4	10	27
2018 年蓄水前	>145~150	0	0	0	0	0	0
	>150~155	0	0	0	0	1	0
	>155~160	0	0	0	0	4	16
	>160~165	0	1	0	0	5	24
	>165~170	2	2	0	1	12	21
	>170~175	5	6	1	3	16	23

不同生长型的植物对水淹的耐受能力有明显差异，导致消落带植被中植物的生长型构成随成库后水库运行年份的增加而发生变化。多年生乔木、灌木、木质藤本、草质藤本植物不耐长时间水库蓄水水淹，三峡水库第一次高水位蓄水水淹（2008 年 10 月～2009 年 5 月）导致消落带植被中上述四种生长型植物大量死亡，物种数量快速下降。水库运行十年经过每年的蓄水水淹后，上述四种生长型植物在消落带植被中的物种数量很少，在高程 165 m 以下的消落带区域几乎不会出现；在高程>165~170 m 消落带区域中有少量上述四种类型的物种；在高程>170~175 m 消落带区域中最多有 5～6 种。研究表明，因不耐三峡水库蓄水水淹，消落带原有植被中的多年生乔木、灌木、木质藤本、草质藤

本植物是不能持续存在的，其种群随着水淹年份的增加会逐渐衰退。此状况在消落带中随高程降低而更明显。

三峡水库蓄水水淹后，消落带植被的构成物种以草本植物为主。除少数耐淹能力强的多年生草本物种外，大量的多年生草本植物物种因不耐水淹而在消落带内消失。随着水库运行年份的增加，消落带中一年生草本植物的物种丰富度要远高于多年生草本植物（表 4-1）。表 4-2 统计了三峡库区消落带不同高程段的草本植物物种盖度的年际变化（样方大小 3 m×3 m），由表可知，三峡水库运行十年后，在消落带的低高程区域，植被以多年生草本植物为主，高程 155 m 以下区域一年生植物的盖度可忽略不计，在高程 165 m 以上区域植被以一年生植物为主，随高程增加一年生植物盖度呈增大趋势；高程 150 m 以下消落带区域几乎无任何植物生长，植被盖度为零。研究表明，多数一年生植物在消落带的低高程区域是不稳定的，不能持续存在，退水露出后，消落带幼苗库中一年生幼苗的物种丰富度和幼苗密度随高程降低而降低。随水淹强度增加一年生幼苗库受到抑制，其种群随着水淹年份的增加会逐渐衰退；多年生草本植物在典型消落带的低高程区域可稳定地持续存在。

表 4-2　三峡库区消落带不同高程的草本植物物种盖度年际变化

高程/m	2008 年蓄水前		2009 年蓄水前		2018 年蓄水前	
	一年生植物盖度/%	多年生草本植物盖度/%	一年生植物盖度/%	多年生草本植物盖度/%	一年生植物盖度/%	多年生草本植物盖度/%
>145~150	22.4	80.8	12.1	51.7	0.0	0.0
>150~155	82.0	40.8	37.1	27.2	0.0	100.0
>155~160	13.7	52.0	61.2	13.6	8.8	94.6
>160~165	12.2	54.2	64.4	5.7	65.4	72.1
>165~170	10.8	58.3	35.4	8.4	79.6	34.8
>170~175	8.1	62.5	1.1	68.8	78.2	18.2

4.1.2　碳水化合物储备、消耗和补充

三峡水库成库运行后，大量的多年生植物因不耐淹而死亡，不能在库区消落带中存在。一部分耐淹的多年生草本植物物种狗牙根、牛鞭草、野古草、竹叶草（*Oplismenus compositus*）因在水库蓄水水淹过程仍然存活，在消落带退水出露后可以优先占据消落带生境从而生长，比在退水出露后的消落带生境中依靠种子萌发而形成种群的一年生植物具有优势。但是，这些耐淹的多年生草本植物物种能否在每年都遭受水淹的三峡库区消落带形成稳定的种群并持续存在于消落带中而不衰退和消亡，其体内的 NSC 储备量、在水淹过程中的 NSC 消耗、退水出露后 NSC 的补充具有重要影响。对三峡水库第一次高水位蓄水（2008 年 10 月～2009 年 5 月）后存活的耐淹多年生草本植物物种的种群动

态、NSC 储备量、受淹后的 NSC 消耗量、退水出露后的 NSC 补充进行研究，发现耐淹多年生草本植物能否可持续存在于消落带受 NSC 的储备水平、受淹消耗、出露补充的影响。具体研究结果如下。

从未经历过水淹的狗牙根、牛鞭草、野古草、竹叶草体内天然具有的 NSC 含量有差异，狗牙根具有的 NSC 含量最高（地上茎为 305 mg/g，地下根茎为 240.1 mg/g），牛鞭草其次，野古草再次，竹叶草的 NSC 含量最低（图 4-5、图 4-6）。NSC 储备是耐淹植物抵御水淹的物质基础，高 NSC 含量的植物具有更多的营养储备以抵御淹水胁迫。

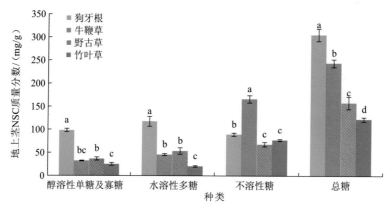

图 4-5   未经历过水淹的不同植物地上茎的 NSC 含量

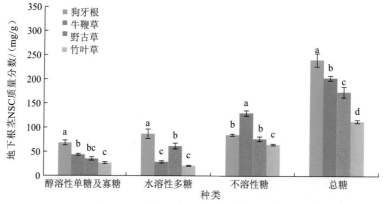

图 4-6   未经历过水淹的不同植物地下根茎的 NSC 含量

在水淹环境中，狗牙根、牛鞭草、野古草、竹叶草对 NSC 的消耗速度有差异。在经历相同的水淹时间（13 天）后，和水淹前相比，水淹后狗牙根地上茎和地下根茎的 NSC 含量变化不明显，牛鞭草地上茎的 NSC 含量变化不明显而地下根茎的 NSC 含量有下降，野古草和竹叶草地上茎和地下根茎的 NSC 含量均明显下降（图 4-7、图 4-8）。研究表明，在水淹环境中，狗牙根的 NSC 消耗速度最慢，其次为牛鞭草，野古草和竹叶草在水淹环境中 NSC 消耗均很明显。水淹环境中 NSC 消耗速度对耐淹植物耐受水淹的时长有直接影响，消耗越慢的植物可以耐受越长时间的水淹。

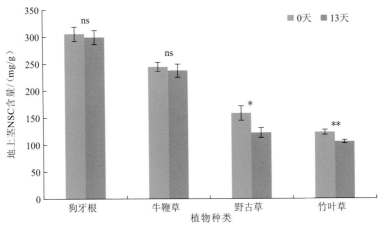

图 4-7　不同植物在水淹前和水淹 13 天后地上茎的 NSC 含量

ns 表示无显著性差异；*表示差异性显著；**表示差异性极显著。余同

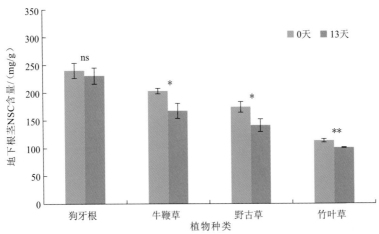

图 4-8　不同植物在水淹前和水淹 13 天后地下根茎的 NSC 含量

　　耐淹植物狗牙根经历 2017～2018 年蓄水水淹后，生长于消落带内所有高程的狗牙根体内的 NSC 均显著低于其在 2017 年蓄水水淹前的含量。但在退水出露期间，所有高程的狗牙根均可以通过光合作用积累 NSC，在 2018 年蓄水水淹前恢复其体内的 NSC 含量至 2017 年蓄水水淹前的水平（图 4-9）。和 2016 年相比，经历 2016～2019 年三年连续蓄水水淹后的狗牙根植被在 2019 年的单位地表面积内的植株密度及单位地表面积内的狗牙根植株地上、地下部分生物量并没有显著变化（图 4-10、图 4-11）。研究表明，三峡水库蓄水水淹并不会导致耐淹植物狗牙根 NSC 储备量减少，狗牙根能够在退水出露期内通过光合作用完全恢复其在水淹期间的 NSC 消耗，并能很好地维持种群大小和种群生产力在经历水淹后不发生衰退。是否能在退水出露期内完全恢复水淹期间的 NSC 消耗是耐淹植物是否能可持续地生存于消落带环境的物质保障。

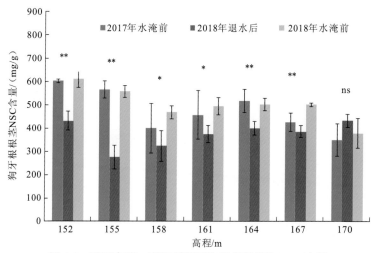

图4-9　不同高程、不同时期下狗牙根根茎的NSC含量

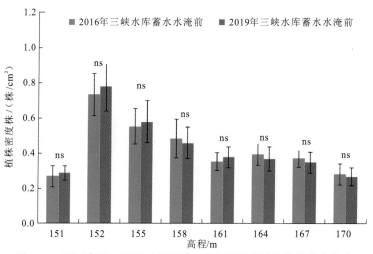

图4-10　不同高程、不同时期下消落带狗牙根植被的植株分布密度

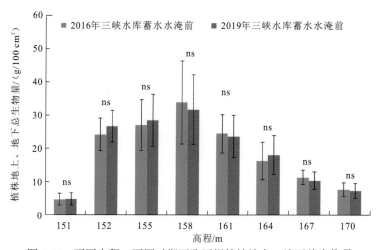

图4-11　不同高程、不同时期下狗牙根植被地上、地下总生物量

4.1.3　种子耐淹能力

三峡库区消落带内的一年生植物每年通过种子萌发在三峡库区消落带内定居并形成种群，一年生植物的种子是否能耐受三峡水库的蓄水水淹对其是否能在退水出露后的消落带环境中形成种群至关重要。对三峡库区典型消落带中一年生植物的果实/种子进行水淹的耐受检测发现，典型消落带中一年生植物大多数物种对三峡水库蓄水水淹具有较好的耐淹能力，无论在消落带的任何高程区域接受水淹，水淹结束后没有腐烂外观仍然完好的种子比例在各个物种中均超过了 50%（表 4-3）；种子受淹后在消落带出露期间的萌发率也较高，除部分物种外，无论在消落带的任何高程区域接受水淹，种子受淹后在消落带出露期间的萌发率通常超过 50%（表 4-4）。一年生植物种子对三峡水库蓄水水淹的耐受能力较强是三峡库区消落带植被中一年生植物物种丰富度高的主要原因。种子耐淹能力高低是一年生植物能否存于三峡库区消落带中的关键因素。

表 4-3　一年生植物种子经历不同高程水库蓄水水淹后的剩余完好种子比例

物种名称	拉丁名	高程/m				平均值/%	CV
		170	165	160	155		
稗	*Echinochloa crusgalli*	97.70±0.85 a	98.20±0.80 a	74.40±9.36 b	84.40±7.21 b	89.54	17.03
苘麻	*Abutilon theophrasti*	95.30±1.95 a	95.70±2.33 a	92.20±1.94 a	95.30±0.72 a	95.96	3.74
苍耳	*Xanthium sibiricum*	92.20±2.67 a	77.00±1.44 b	80.90±3.50 b	63.40±2.53 c	79.50	13.36
牛筋草	*Eleusine indica*	97.60±0.89 a	99.40±0.40 a	99.30±0.49 a	99.90±0.10 a	99.13	1.46
刺苋	*Amaranthus spinosus*	97.50±1.89 a	96.30±0.83 a	61.90±4.13 b	69.50±2.99 b	81.13	21.63
酸浆	*Physalis alkekengi*	99.20±0.41 a	77.60±19.41b	93.00±5.90 a	97.80±0.64 a	95.54	8.75
狗尾草	*Setaria viridis*	66.20±3.04 a	49.60±1.95 b	90.60±2.83 c	91.70±1.71 c	74.96	27.33
马齿苋	*Portulaca oleracea*	97.40±1.27 a	93.70±0.89 a	95.80±0.98 a	91.40±3.10 a	95.25	2.71
合萌	*Aeschynomene indica*	97.80±0.25 a	94.00±0.69 a	85.90±2.00 a	93.80±0.64 a	92.67	5.43
龙葵	*Solanum nigrum*	62.60±8.18 a	60.00±5.39 a	43.50±3.30 c	55.00±2.33 b	55.08	25.47
藿香蓟	*Ageratum conyzoides*	70.90±14.30 a	50.40±15.49 a	63.70±13.20 a	47.80±12.20 a	61.63	46.14
鳢肠	*Eclipta prostrata*	98.00±0.91 a	95.80±1.98 a	99.20±0.25 a	98.50±0.55 a	97.08	3.23
金色狗尾草	*Setaria glauca*	98.80±0.85 a	97.70±0.64 a	93.00±4.87 a	91.70±4.48 a	97.67	3.85
青葙	*Celosia argentea*	86.20±4.44 a	92.00±1.52 a	87.50±2.54 a	95.60±0.60 a	90.58	5.40
马唐	*Digitaria sanguinalis*	68.70±10.07 b	93.30±2.04 a	76.60±9.62 b	63.00±8.14 b	73.00	27.48
荩草	*Arthraxon hispidus*	94.90±1.88 a	89.00±1.90 a	86.40±2.16 a	87.00±2.47 a	88.46	6.70
绿穗苋	*Amaranthus hybridus*	94.50±0.69 a	91.40±3.06 a	87.80±3.12 a	91.70±0.80 a	91.04	4.75
狼杷草	*Bidens tripartita*	83.20±2.14 a	69.30±8.37 b	73.80±3.01 b	71.20±4.20 b	78.63	9.22

注：相同字母表示同一物种不同高程间剩余完好种子比例无显著差异，不同字母表示差异显著（$P<0.05$）。CV 表示变异系数。

表 4-4　一年生植物种子经历不同高程水库蓄水水淹后在消落带出露期内的萌发率

物种名称	拉丁名	高程/m				平均值/%	CV
		170	165	160	155		
稗	*Echinochloa crusgalli*	97.70±0.85 a	98.20±0.80 a	74.40±9.36 b	84.40±7.21 b	89.54	17.03
绿穗苋	*Amaranthus hybridus*	94.50±0.69 a	91.40±3.06 a	87.80±3.12 a	91.70±0.80 a	91.04	4.75
苘麻	*Abutilon theophrasti*	95.30±1.95 a	95.70±2.33 a	92.20±1.94 a	95.30±0.72 a	95.96	3.74
马唐	*Digitaria sanguinalis*	68.70±10.07 b	93.30±2.04 a	76.60±9.62 b	63.00±8.14 b	73.00	27.48
苍耳	*Xanthium sibiricum*	92.20± 2.67 a	77.00±1.44 b	80.90±3.50 b	63.40±2.53 c	79.50	13.36
狼杷草	*Bidens tripartita*	83.20±2.14 a	69.30±8.37 b	73.80±3.01 b	71.20±4.20 b	78.63	9.22
牛筋草	*Eleusine indica*	97.60±0.89 a	99.40±0.40 a	99.30±0.49 a	99.90±0.10 a	99.13	1.46
鳢肠	*Eclipta prostrata*	98.00±0.91 a	95.80±1.98 a	99.20±0.25 a	98.50±0.55 a	97.08	3.23
刺苋	*Amaranthus spinosus*	97.50±1.89 a	96.30±0.83 a	61.90±4.13 b	69.50±2.99 b	81.13	21.63
龙葵	*Solanum nigrum*	62.60±8.18 a	60.00±5.39 a	43.50±3.30 c	55.00±2.33 b	55.08	25.47
酸浆	*Physalis alkekengi*	99.20±0.41 a	77.60±19.41 b	93.00±5.90 a	97.80±0.64 a	95.54	8.75
青葙	*Celosia argentea*	86.20±4.44 a	92.00±1.52 a	87.50±2.54 a	95.60±0.60 a	90.58	5.40
狗尾草	*Setaria viridis*	66.20±3.04 a	49.60±1.95 b	90.60±2.83 c	91.70±1.71 c	74.96	27.33
荩草	*Arthraxon hispidus*	94.90±1.88 a	89.00±1.90 a	86.40±2.16 a	87.00±2.47 a	88.46	6.70
马齿苋	*Portulaca oleracea*	97.40±1.27 a	93.70±0.89 a	95.80±0.98 a	91.40±3.10 a	95.25	2.71
藿香蓟	*Ageratum conyzoides*	70.90±14.30 a	50.40±15.49 a	63.70±13.2 a	47.80±12.20 a	61.63	46.14
合萌	*Aeschynomene indica*	97.80±0.25 a	94.00±0.69 a	85.90±2.00 a	93.80±0.64 a	92.67	5.43
金色狗尾草	*Setaria glauca*	98.80±0.85 a	97.70±0.64 a	93.00±4.87 a	91.70±4.48 a	97.67	3.85

注：相同字母表示同一物种不同高程间萌发率无显著差异，不同字母表示差异显著（$P < 0.05$）。

4.1.4　植被的生长及物候过程

　　一年生植物每年需要通过种子萌发才能在三峡库区消落带内定居并形成种群，即使一些一年生植物物种的种子能耐受三峡水库的蓄水水淹，但这些一年生植物物种也必须要在三峡库区消落带退水出露期间完成生长繁殖并形成成熟可萌发的种子才能保证其每年都在消落带形成种群。研究发现，消落带退水出露期内能否完成生长繁殖并形成成熟种子是一年生植物能否形成稳定种群并可持续存于消落带中的重要因素，三峡库区消落带中占优势的一年生植物物种均为在此方面表现良好的物种。其结果如下。

　　（1）三峡库区消落带内的优势一年生植物苍耳在消落带退水出露期内可在高程>150～175 m 区域完成生长繁殖并开花结实。随高程的增加，苍耳植株能完成生长繁殖并结实的程度越高，产生的果实数量越大（图 4-12）。

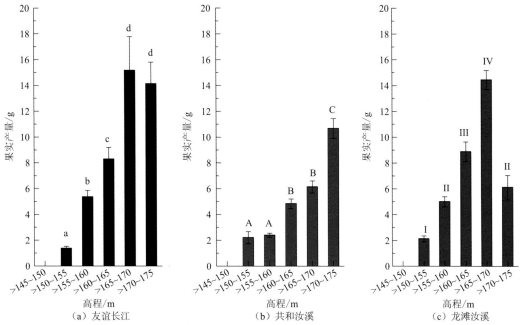

图 4-12　不同高程消落带退水出露期内产生的苍耳果实数量

Ⅰ、Ⅱ、Ⅲ、Ⅳ 代表显著性水平的标注（$P<0.05$）

（2）在能够开花结实的高程区域内，苍耳在高程>150～155 m 消落带区域内仅能形成绿色柔软的成熟度很低的果实，该类果实中的种子萌发率很低（图 4-13、图 4-14）；在高程>155～175 m 消落带区域内，苍耳可形成绿色硬实、黄色硬实、黑色硬实等更高成熟度的果实，随高程增加，苍耳在消落带退水出露期间形成的果实成熟度越高（图 4-13）。

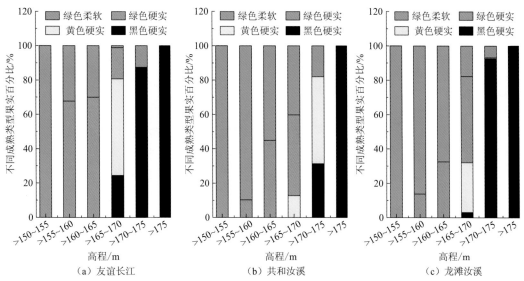

图 4-13　不同高程消落带退水出露后、再次水淹前苍耳不同成熟度果实数量百分比

（3）绿色柔软苍耳果实由于成熟度不高，其中的种子的萌发率很低，绿色硬、黄色硬、黑色硬苍耳果实的种子均具有很高的萌发率（图 4-14）。受能否形成种子、种子成熟度、成熟种子产量的影响，苍耳在三峡水库典型消落带高程 160 m 以下难以形成稳定的可持续的种群。

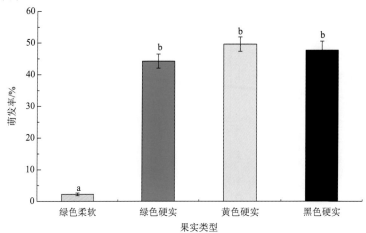

图 4-14　一年生植物苍耳不同成熟度果实的萌发能力

a、b 代表显著性水平的标注（$P<0.05$）

（4）三峡库区消落带内的优势一年生植物西来稗（*Echinochloa crusgalli* var. *zelayensis*）在消落带退水出露期内不能在高程 150 m 以下的消落带区域完成生活史开花结实，在高程>150~175 m 区域可以完成生长繁殖并产生成熟果实和种子。随高程增加，西来稗产生的成熟果实数量越大（图 4-15）。受能否形成种子和成熟种子产量的影响，西来稗在三峡水库典型消落带高程 150 m 以下不能形成种群，在高程 155 m 以上可以形成稳定的可持续的种群。

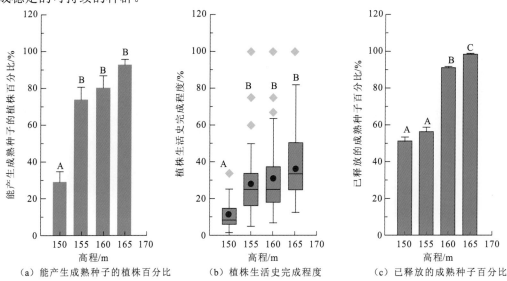

（a）能产生成熟种子的植株百分比　　（b）植株生活史完成程度　　（c）已释放的成熟种子百分比

图 4-15　三峡水库典型消落带退水出露期内不同高程带西来稗种群特征

A、B、C 代表显著性水平的标注（$P<0.05$）

4.2　三峡库区消落带植被恢复机制

4.2.1　蓄水前后植被生产力及演替特征

对消落带植被在不同时期（三峡水库蓄水水淹前、后及消落带历经完整的出露期后三个时间节点）的植被生物量、不同植物物种（包括多年生植物、一年生植物）生物量、不同耐淹能力植物生物量，以及植被生物量在不同物种间的分配和在不同高程带的分配进行了系统研究。通过上述工作，探究消落带不同耐淹能力植被（包括其各组成物种）受淹期间的生物量损失和损失模式及在消落带出露期的生物量积累和生物量分配模式。主要研究结果如下。

（1）三峡水库蓄水水淹期间，消落带中生长的一年生植物会全部死亡；消落带中生长的多年生植物的叶会全部死亡（高程 173 m 以上区域生长的多年生植物的叶有部分可以存活而不被淹死），多年生植物的茎、叶总体而言随高程降低被淹死的比例越高，在高程 152 m 茎、叶的死亡比例（生物量）超过 66%（表 4-5）。

表 4-5　三峡库区消落带蓄水水淹前后不同类型植被茎、叶生物量

植物类型	高程/m	茎			叶		
		水淹前/（g/m²）	水淹后/（g/m²）	损失百分比/%	水淹前/（g/m²）	水淹后/（g/m²）	损失百分比/%
多年生植物	152	463.17±35.58b	156.21±13.13b	66.27	304.08±21.20a	0.00	100.00
	157	513.67±71.01b	208.96±39.80b	59.32	194.15±30.32b	0.00	100.00
	162	920.97±172.32a	347.36±64.71a	62.23	374.72±71.81a	0.00	100.00
	167	326.09±61.08c	167.10±34.89b	45.21	72.28±22.97c	0.00	100.00
	172	49.30±27.19d	40.14±26.94c	16.07	45.68±34.04c	0.00	100.00
一年生植物	152	4.98±3.62d	0.00	100.00	1.31±1.01c	0.00	100.00
	157	34.60±8.46c	0.00	100.00	22.61±5.55b	0.00	100.00
	162	173.28±75.02b	0.00	100.00	49.69±15.24a	0.00	100.00
	167	283.31±56.98a	0.00	100.00	65.75±10.60a	0.00	100.00
	172	187.91±25.60b	0.00	100.00	88.99±10.81a	0.00	100.00

注：表中数值为平均值±标准差；不同的字母表示同一类型植物在不同高程间的生物量存在显著差异（$P < 0.05$）。

（2）消落带植被生物量并不遵从随高程增加而逐渐增大的趋势，而是在消落带中部高程区域（高程 >160～170 m）具有最大的植被生物量（图 4-16）。

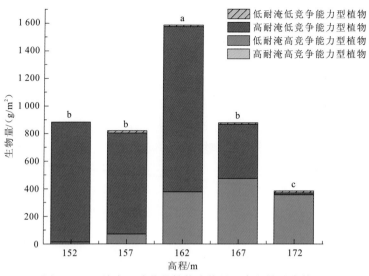

图 4-16　三峡库区消落带植物生物量沿高程的分布格局

（3）在消落带植被中，高耐淹低竞争能力型植物（即高耐淹低株高植物）和低耐淹高竞争能力型植物（即高株高一年生植物）具有优势，而高耐淹高竞争能力型植物（即高耐淹高株高植物）和低耐淹低竞争能力型植物（即低株高一年生植物）数量极少（图 4-17）。对水淹具有高耐受能力的植物物种在三峡库区消落带植被中具有相对较高的生物量，表明高耐淹低竞争能力型植物在消落带植被中具有极大优势。

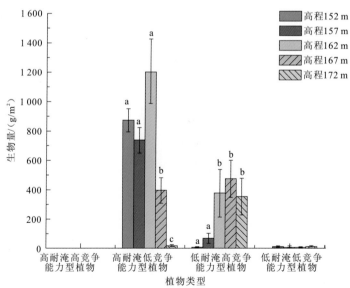

图 4-17　三峡库区消落带植物生物量沿高程的分布格局

4.2.2　生长与物候

对三峡水库现行水位调度模式下消落带植被退水出露后整个出露期不同植物物种

（包括多年生植物、一年生植物）的生长及物候过程，及其在消落带不同高程带的表现差异进行研究，以筛选适生物种。研究结果如下。

消落带原有植被的物种几乎不能耐受三峡水库蓄水水淹并在三峡水库成库运行后消亡。消落带现有植被中木本植物的耐淹能力比草本植物弱，在相对耐淹的乔灌木植物中，枫杨能耐受的水淹深度小，栽植于高程 170 m 以下时水淹没顶深度大于 5 m 不能存活。在相对耐淹的乔灌木植物中，三峡库区水淹退水后旱柳（*Salix matsudana*）比其他三个物种具有更好的耐淹能力和淹后恢复生长能力（图 4-18）。

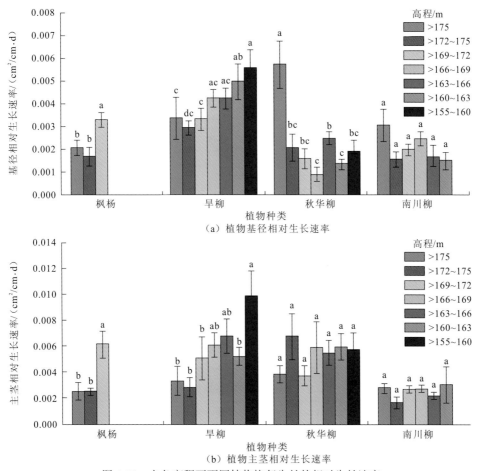

图 4-18　在各高程下不同植物恢复生长的相对生长速率

对于多年生植物，在库区退水出露后 6 月底前开始开花的植物可以基本完成开花繁殖结实，在 7 月及以后才开始开花的植物难以在水库退水出露期完成繁殖结实；对于一年生植物，由于高程≤155 m 区域退水出露时间晚、蓄水被淹早，生长于高程 155 m 及以下区域的一年生植物难以完成开花繁殖结实。在现行水位调度模式下，秋华柳在消落带内难以成功完成有性繁殖，无性繁殖将成为秋华柳种群增长的主要依赖（表 4-6、表 4-7）。高程 170 m 以上消落带区域中的双穗雀稗（*Paspalum paspaloides*）可以完成一定程度的有性繁殖，但位于高程 170 m 以下消落带区域中的双穗雀稗只能通过无性繁殖扩展种群（表4-8）。

表4-6 不同高程秋华柳雄株的开花物候

高程/m	花序出现期（年-月-日）	始花时期（年-月-日）	开花盛期（年-月-日）	终花时期（年-月-日）	花期长度/天
>175	2018-07-29	2018-09-07	2018-10-03	2018-10-27	50
>172~175	2018-07-10	2018-08-31	2018-10-05	—	—
>169~172	2018-07-06	2018-07-09	2018-10-02	—	—
>166~169	2018-07-05	2018-08-05	—	—	—
>163~166	2018-07-04	2018-07-21	—	—	—
>160~163	2018-07-01	2018-07-05	—	—	—
>155~160	2018-07-01	2018-07-18	—	—	—

注："—"表示因水淹未完成生活史。

表4-7 不同高程秋华柳雌株的开花物候

高程/m	花序出现期（年-月-日）	始花时期（年-月-日）	开花盛期（年-月-日）	终花时期（年-月-日）	花期长度/天
>175	2018-08-08	2018-09-10	2018-10-17	2018-12-01	82
>172~175	2018-08-08	2018-08-31	—	—	—
>169~172	2018-07-12	2018-08-27	—	—	—
>166~169	2018-07-18	2018-08-23	—	—	—
>163~166	2018-07-05	2018-08-05	—	—	—
>160~163	2018-07-05	2018-08-09	—	—	—
>155~160	2018-08-07	2018-09-05	—	—	—

注："—"表示因水淹未完成生活史。

表4-8 不同高程双穗雀稗的开花物候

高程/m	花序出现期（年-月-日）	始花时期（年-月-日）	开花盛期（年-月-日）	终花时期（年-月-日）	花期长度/天
>175	2018-06-02	2018-06-21	2018-07-22	2018-08-04	44
>172~175	2018-06-09	2018-06-22	2018-07-19	2018-08-02	41
>169~172	2018-06-02	2018-06-10	2018-07-16	2018-08-15	66
>166~169	2018-06-02	2018-06-09	2018-07-18	2018-10-02	115
>163~166	2018-05-23	2018-06-04	2018-07-13	—	—
>160~163	2018-06-09	2018-06-12	2018-07-27	—	—
>155~160	2018-07-04	2018-07-09	2018-08-05	—	—
>150~155	2018-07-04	2018-07-13	—	—	—

注："—"表示因水淹未完成生活史。

4.2.3　植被的 NSC 生产、储备和消耗

研究不同耐淹植物的 NSC 生产、储备和消耗过程，为适生植物筛选提供依据。

（1）水淹时水温的高低会影响植物受淹期间的 NSC 消耗和淹后 NSC 的积累，水温较低情况下的水淹可降低水淹期间的 NSC 消耗并有利于淹后植物的 NSC 积累（图4-19）。

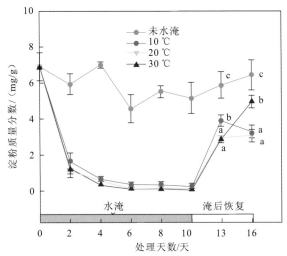

图 4-19　在不同水温下，水淹前后喜旱莲子草叶中淀粉质量分数变化

（2）耐淹植物比不耐淹植物具有更低的基础代谢率和更低的 NSC 需求，从而使耐淹植物可以更好地耐受水淹逆境（图 4-20）。

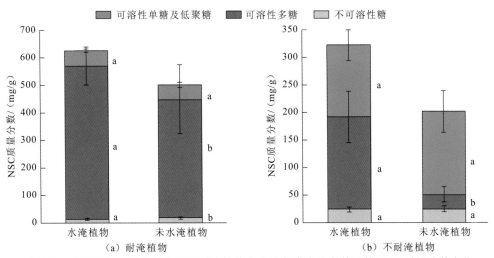

图 4-20　水淹喜旱莲子草植物和不耐淹植物在水淹与未水淹条件下的 NSC 质量分数变化

耐淹植物秋华柳比不耐淹植物樟具有更低的基础代谢率和更低的 NSC 需求，从而使秋华柳可以更好地耐受水淹逆境（图4-21）。总体而言，一年生植物在面临淹水胁迫时，会展现出灵活的生活史策略：一方面，可以通过调整生长周期，在夏季消落带退水时完

成生活史并结出种子，让种子通过休眠方式度过冬季长时间的淹水期，然后在次年依赖土壤种子库或周围的种源开始新的生长周期（王业春 等，2012），如苍耳、鬼针草、狗尾草等。这些植物的种子带有坚硬的外壳或附属物，有助于抵御水淹和实现种子远距离传播，从而能在消落带生存繁殖。另一方面，在夏季低水位时期，部分消落带植物在未被全淹时通过伸长叶、柄或茎的方式提高植株高度，以此逃离水淹环境。多年生草本植物的耐水淹机制是通过减少新陈代谢活动，以降低能量消耗，从而减少淹水胁迫对植物造成的伤害，如根系发达的狗牙根、香附子等都采取了这种耐淹的生存策略。除此之外，有些植物在受到部分水淹时，会通过产生空气根、通气组织和促进茎的延长生长等方式来增加其存活率（窦文清 等，2023；韩文娇 等，2016）。

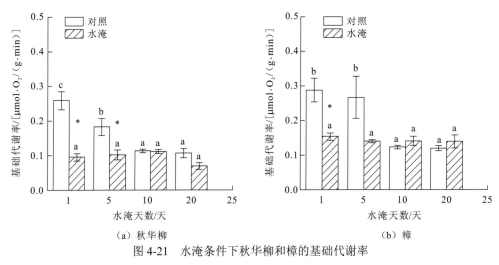

（a）秋华柳　　　　　　（b）樟

图 4-21　水淹条件下秋华柳和樟的基础代谢率

4.3　本章小结

本章通过对三峡水库运行不同时段的库区典型消落带的植被物种组成和生长型进行调查分析，探讨植物耐淹能力，NSC 储备、消耗和补充，种子耐淹能力，植被生长及物候过程对三峡库区消落带植被衰退与植被恢复的影响，揭示三峡库区消落带植被衰退与恢复的机制。主要研究结论如下。

（1）不同生长型的植物对水淹的耐受能力有明显差异，高耐淹低竞争能力型植物（即高耐淹低株高植物）和低耐淹高竞争能力型植物（即高株高一年生植物）具有优势。不耐淹多年生乔木、灌木、木质藤本、草质藤本植物在消落带中随着水淹年份的增加会逐渐衰退，衰退趋势随高程降低而更明显，耐淹草本植物物种覆盖度远高于多年生草本植物。植物物种对三峡水库蓄水水淹的耐淹能力大小是影响消落带中各物种的种群大小及各物种能否在消落带中持续存在的关键因素。

（2）对多年生植物而言，植物体内的 NSC 储备量、退水出露后 NSC 的补充速率、水淹过程中的 NSC 消耗等对植物物种能否在三峡库区消落带植被中演替具有重要影响。NSC 储备量高、水淹环境中 NSC 消耗速度慢、退水出露期 NSC 恢复快的多年生植物可在消落带形成稳定的种群并持续存在。消落带退水出露期内能否完成完整的生长与物候过程，也是其是否可持续存在于消落带中的重要因素。

（3）对一年生植物而言植物的种子是否能耐受三峡水库的蓄水水淹对其是否能在退水出露后的消落带环境中形成种群至关重要，三峡库区典型消落带中大多数一年生植物物种对三峡水库蓄水水淹具有较好的耐淹能力，这也是三峡库区消落带植被中一年生植物物种丰富度高的主要原因。

第 5 章 三峡库区消落带适生植物筛选及植被恢复技术模式

5.1 三峡库区消落带适生植物筛选

消落带特有的水文现象（水与陆地的周期性更替）、地貌特点（显著的高度差异与陡峭斜率）及土壤属性对于植物品种的选择和植物群落布局具有显著作用。在这些因素共同构成的复杂环境下，消落带的植被重建技术是一个世界公认的难题（舒乔生 等，2014）。

在适生植物方面，目前已经发现了一些适合在消落带种植的植物，例如，适宜在低高程区域生长的一年生草本植物水蓼、苍耳，适合在中高程区域生长的多年草本植物狗牙根、牛鞭草、狗尾草，以及适合在更高区域生长的木本植物桑树、中山杉等（窦文清 等，2023）。

自从 2007 年之后，在国务院原三峡工程建设委员会办公室及相关部委的支持下，我国的众多科研院校、单位均做出了积极响应，对相关消落带的修复理论和具体实践进行了实地研究。从模拟水淹试验、示范种植、文献查阅等不同的角度与方式筛选出众多适合修复消落带地区生态环境的各类物种，在此基础上按照不同的生态环境梯度进行了科学的重建配置，取得了积极效果（樊大勇 等，2015）。

卢志军和江明喜（2012）在文献综合分析的基础上，结合在三峡库区消落带植被重建方面的前期工作，建议在人工重建植被过程中，原有水田可以应用水生植物构建湿地植被；地势平缓，土壤条件较好的地段可以利用筛选的乔木、灌木和草本垂直配置构建人工植被。沿高程 > 145~175 m 区域，依次种植一年生草本植物狗尾草、毛马唐、千金子（*Leptochloa chinensis*），多年生草本植物狗牙根、牛鞭草、双穗雀稗，灌木紫穗槐、桑树、乔木河柳、池杉、落羽杉，形成乔灌草立体配置。

黄世友等（2013）在对忠县进行实地调研后，结合当地环境，选取了一些植物用于修复水体淹没后所露出的消落带并重建生态，其中包括狗牙根、苔草、芦竹（*Arundo donax*）、甜根子草、问荆（*Equisetum arvense*）、香根草等草本植物；桑树、小梾木（*Swida paucinervis*）、中华蚊母树、秋华柳、水麻（*Debregeasia orientalis*）等灌木类；池杉、水桦、竹柳等乔木树种。

艾丽皎等（2013）在对前人研究成果分析的基础上，综合考虑植物的特性（在消落带地区进行修补生态需要植物具有一定的耐水淹性），为建立三峡库区的防护林区域选取防护物种，其中包括小梾木、甜根子草、狗牙根、扁穗牛鞭草、枫杨、池杉、落羽杉、南川柳等。

潘晓洁等（2015）在总结分析多位学者有关消落带植物优势种调查分析、植物存活及恢复生长的水淹模拟试验、植物耐水淹机理研究等研究结果的基础上，初步筛选出一些适合在三峡库区消落带环境生长的植物，包括狗牙根、秋华柳、香根草、菖蒲（*Acorus calamus*）、空心莲子草（*Alternanthera philoxeroides*）、香附子、芦苇、地果、桑树、水蓼、枸杞（*Lycium chincnse*）、牛鞭草、双穗雀稗、羊茅（*Festuca ovina*）等。

赵琴和陈教斌（2018）在对众多研究者的成果分析后认为在消落带的物种恢复过程中，需要考虑耐水淹的物种，故而筛选出了木本植物，如枸杞、地果、银合欢（*Leucaena leucocephala*）、水紫树、桑树、池杉、落羽杉、水松（*Glyptostrobus pensilis*）、枫杨、秋华柳、南川柳等；草本植物，如香附子、芦苇、虉草（*Phalaris arundinacea*）、双穗雀稗、羊茅、香根草、铺地黍（*Panicum repens*）、菖蒲、狗牙根、水蓼、牛鞭草、喜旱莲子草等。

针对三峡库区消落带的环境特征，我国从 2007 年开始逐步做出了众多复合措施来进行适生植物筛选，其中中国科学院武汉植物园、中国科学院水利部成都山地灾害与环境研究所和中国科学院植物研究所在忠县消落带联合开展了生态重建工作，并进行实地试验。在试验期间筛选出了数十种能够解决消落带区域内生态修复的物种，其中牛鞭草、野古草、桑树、旱柳、池杉、狗牙根、双穗雀稗、荷花等不仅拥有护坡效果且能够抗旱耐淹（鲍玉海 等，2014）。

在对国内外文献检索和成功案例总结的基础上（窦文清 等，2023；刘明辉 等，2020），我们不难发现，多年生物种在截污去污、景观和生态经济价值、固土护岸、群落自稳定性等方面的修复能力都显著高于一年生的草本。在当下阶段国内众多的研究主要聚焦在筛选多年生的物种，而适生乔木是三峡库区消落带生态修复的关键植物。本章选取典型乔木对其耐淹性进行研究与分析，为消落带适生乔木的选择提供依据。

5.1.1　湿地松适生性研究

在湖北秭归三峡库区森林生态系统国家定位观测研究站开展湿地松等适应性研究，开展人工模拟长达 5 个月的寒冷季节持续水淹试验，用以探讨幼苗阶段叶片的光合特性与生化生理反应，研究结果对消落带适生物种选择及植被恢复与重建具有重要的参考价值（郭燕 等，2021）。

1. 试验材料及试验设计

试验在湖北秭归三峡库区森林生态系统国家定位观测研究站进行（30°53′N，110°

54′E，海拔 296 m）。在 2017 年 6～8 月进行了详细的前置工作准备，其中包含干旱模拟。在此次模拟中采用了单因素随机区组的设计，试验期间从湖北省荆门市彭场林场选购了一批状态、高度一致的湿地松幼苗，并同步放入了预先搭建好的遮阳棚中进行缓苗，选取了直径为 32 cm、高为 22 cm 的塑料花盆，每盆中放置当地沙壤土 5.0 kg 且仅栽种 1 株（此批株苗均为两年生）。恢复生长后将其置于同一片区域进行相同的日照与水分养料管理，并提前 15 天使各处理组达到所设定干旱状态。

2017 年 8 月初进行前期干旱模拟，采取单因素随机区组设计。试验模拟三峡库区当年 8 月至次年 5 月消落带水位波动的消涨规律。前期 45 天模拟干旱胁迫组设置为：①对照组 CK，其中土壤水分维持在田间持水量的 60%～63%，以模拟正常的灌溉条件；②轻度干旱组 T1，每 5 天进行一次灌溉，以模拟较轻的干旱状态；③中度干旱组 T2，每 10 天进行一次灌溉，代表更加严峻的干旱环境。待干旱胁迫试验结束后，供试湿地松幼苗恢复正常生长后，进行 5 个月的冬季淹水胁迫试验。具体操作如下：将供试幼苗统一放置在一个水池中（分 3 个小方形，一侧长 2.5 m，深度分别为 1.8 m、0.8 m、0.5 m）。冬季淹水胁迫试验设置为：①对照组 CK，非淹水处理，同上；②根淹组 1（原轻度干旱组）、根淹组 3（原中度干旱组），淹水至土壤表面以上约 5 cm 处；③全淹组 2（原轻度干旱组）、全淹组 4（原中度干旱组），淹水至植物上方 5 cm 处。

在冬季淹水胁迫试验期间，所设计的水池每周换水一次，且保证相对湿度 54%～82%，气温控制在 5～27℃，从试验当日起，选取试验材料中上部枝条顶端下 3～4 cm 处生长较为苗壮的成熟针叶，并且设置好梯度，在不同的日期进行指标测定（1 次、2 次、3 次、4 次、5 次、6 次、7 次指标测定分别对应 7 天、15 天、30 天、45 天、60 天、120 天、150 天的水淹时长）。在测定全淹组数据时，需要将其提前移出水面擦拭干水分，选取方法同上。

2. 试验指标的测定

生理生化指标测定：为了详细评估淹水对植物生理和生化特性的影响，本书借鉴并适当修改了先前学者 Grace 和 Logan（1996）的试验方法，专门针对膜质 POD 和 SOD 等关键酶的粗提液进行了提取。试验中，CAT 的活性通过红外分光光度计法进行测定，而 SOD 的活性检测则采用经调整的氮蓝四唑（nitro-blue tetrazolium，NBT）比色法。此外，POD 的活性通过使用愈创木酚法进行测定，丙二醛（malondialdehyde，MDA）的含量则是通过硫代巴比妥酸反应法来确定的。对于可溶性蛋白质的含量测定，本书采用考马斯亮蓝 G-250 染色法。

光合指标的测定：在样品选取时，每组中测定 3 株，进行三次测量取平均值避免系统误差；在测定过程中，确保光合有效辐射水平为 1 000 μmol/（m³·s），维持环境湿度在 60%～70%的范围内，叶室温度恒定于 20℃，以及使用特制容器确保在 3 m 高空处的 CO_2 浓度稳定在 400～410 μmol/mol。试验计划在晴朗天气的上午 9 点到 11 点半这一时间段内进行，采用配备有 2×3 红蓝光源叶室的 Li-6400 XT 型便携式光合作用测量设备，在光照饱和的条件下进行植物光合作用的诱导和测量。在条件稳定后，对针叶植物的几项关键内部气体交换指标进行了记录，包括：胞间 CO_2 浓度（C_i）、光合速率（P_n）、气孔导度（G_s）及蒸腾速率（T_r）。

1）湿地松幼苗光合指标的变化

如图 5-1 所示，淹水胁迫能显著影响湿地松幼苗的 P_n、G_s、C_i 和 T_r。经方差分析发现，在不同淹水程度下，湿地松光合气体交换的生理响应特性在不同淹水处理组之间的表现各异，这一研究结果有助于深入理解植物在不同环境条件下的生理活动及其适应性变化。如图 5-1（a）所示，干旱组的净光合效率在处理期均低于对照组；轻度与中度干旱的 P_n 平均值变化不显著，但前者的净光合速率高于后者，且两者在 45 天干旱处理后的下降幅度分别达 8.7%和 10.3%。另外可以看出，各水淹处理组 P_n 随着时间增长而下降，至水淹结束时相比于初始值分别下降30.9%、33.0%、51.9%和62.3%。

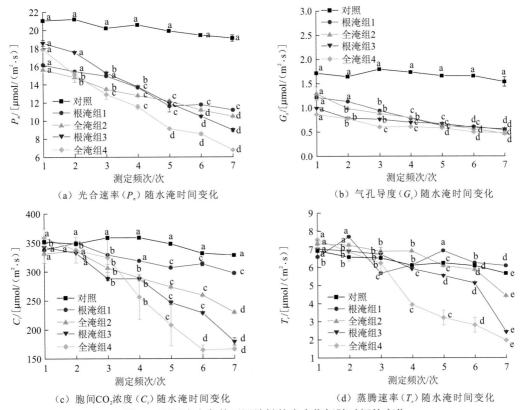

（a）光合速率（P_n）随水淹时间变化　　（b）气孔导度（G_s）随水淹时间变化

（c）胞间CO_2浓度（C_i）随水淹时间变化　　（d）蒸腾速率（T_r）随水淹时间变化

图 5-1　不同淹水条件下湿地松的光合指标随时间的变化

不同淹水胁迫组的气孔导度随时间的变化趋势与光合速率基本一致。轻度干旱组植株自水淹 15 天后气孔导度显著低于对照植株，且随着水淹时间的增加，气孔导度逐渐降低；而中度干旱组植株直到胁迫天数达到 30 天后才显著低于对照组。至淹水胁迫结束，轻度和中度干旱组的气孔导度分别比对照植株降低了 55.7%、44.2%、64.3%和44.4%[图 5-1（b）]。

由图 5-1（c）可知，淹水胁迫显著影响了湿地松叶片的 C_i，从淹水胁迫开始，湿地

松叶片的 C_i 随着水淹时间的增加而逐渐降低。在淹水胁迫达到 45 天前，不同组的胞间 CO_2 浓度变化不大，但是在 45 天后出现了根淹组 1>全淹组 2>根淹组 3>全淹组 4 的变化。

在淹水胁迫 45 天前，根淹组 1、全淹组 2 和根淹组 3 处理组的幼苗蒸腾速率变化不明显，但至水淹胁迫达到 15 天后，根淹组 3 和全淹组 4 处理组植株蒸腾速率出现了显著性下降，至水淹 150 天后，根淹组 3 和全淹组 4 处理组植株蒸腾速率相比对照植株分别降低了 65.5% 和 74%，相较之下，根淹组 1 的蒸腾速率在整个水淹过程中保持稳定，而全淹组 2 在干旱胁迫结束后，其蒸腾速率较对照组减少了 39.5%［图 5-1（d）］。

2）湿地松幼苗生理和生化指标的变化

由图 5-2（a）可知，水淹处理初期，湿地松叶片蛋白含量表现为波动上升的趋势，并在至水淹 60 天后达到顶峰，相较于初始值分别增长了 14.7%、66.2%、32.5% 及 18.9%。至水淹结束，不同淹水处理组中蛋白质含量由小到大依次排列为根淹组 1、根淹组 3、全淹组 2、全淹组 4，这显示了淹水胁迫对植物叶片蛋白质质量分数具有显著影响。

不同水淹深度处理，湿地松幼苗叶片中 SOD 活性在水淹 7 天时，对照组与根淹组 1、根淹组 3 和全淹组 4 SOD 活性变化差异不显著，但与全淹组 2 差异显著（$P<0.05$）。但在水淹 15 天时，对照组处理与根淹组 1、根淹组 3 和全淹组 4 不同淹水处理 SOD 活性差异显著（$P<0.05$）。其他水淹时长 SOD 活性变化均不显著。水淹 30 天后，根淹组 1 和 3 处理 SOD 活性达到最高，分别为 915.21 μmol/g 和 924.73 μmol/g，而全淹组 4 处理 SOD 活性最低，为 592.53 μmol/g［图 5-2（b）］。这些发现揭示了水淹条件下植物抗氧化酶活性上的不同生理反应，进一步说明淹水胁迫对植物生理机能的复杂影响。

如图 5-2（c）所示，在水淹处理之前，对照组 POD 活性显著高于其他处理组，随水淹时间增加各处理组的 POD 活性变化不显著。在水淹 30 天时，根淹组 1、全淹组 2、根淹组 3、全淹组 4 的 POD 活性达到最低，分别为 58.679 μmol/g、55.606 μmol/g、64.681 μmol/g 和 27.784 μmol/g。不同处理组的 POD 活性随水淹时长增加呈现先降低后增加的趋势，具体表现为在水淹 30 天后达到最小值，水淹 45 天后逐渐增加至恢复初始值，在水淹结束后，全淹组 2、根淹组 3 和全淹组 4 处理组 POD 活性比初始值分别增大 5.5%、25.4% 和 59.2%。

如图 5-2（d）所示，在经历不同淹水胁迫时长后湿地松叶片 CAT 活性均未达到显著水平；在经历水淹 45 天后，根淹组 3 和全淹组 4 CAT 活性与对照组相比差异显著。随着水淹时长的增加，水淹组的 CAT 活性均呈现出增加后逐渐稳定的趋势。实验结束后，根淹组 1、全淹组 2、根淹组 3 和全淹组 4 处理组 CAT 活性相比初始值分别增大了 59.1%、56.1%、69.4% 和 90.1%。在经历了不同程度的水淹处理后，水淹组的 CAT 活性均随着水淹时长的增加呈现出增加后逐渐稳定的趋势，其根淹组 1、全淹组 2、根淹组 3 和全淹组 4 处理组 CAT 活性相比初始值分别实现了 59.1%、56.1%、69.4% 及 90.1% 的增长，说明不同的水淹持续时间对 CAT 活性的影响显著。

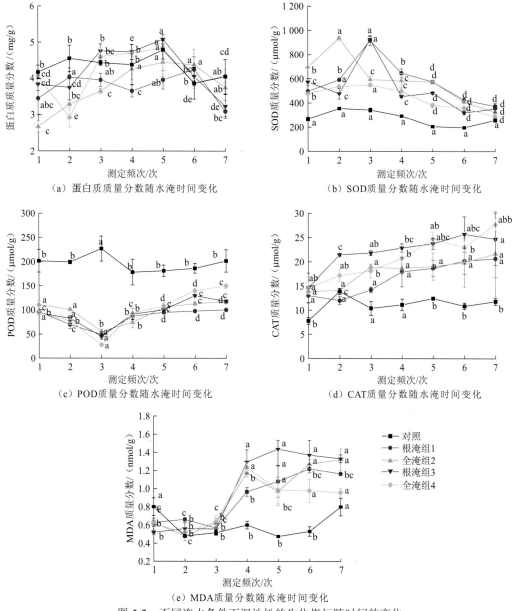

（a）蛋白质质量分数随水淹时间变化　　　　（b）SOD质量分数随水淹时间变化

（c）POD质量分数随水淹时间变化　　　　（d）CAT质量分数随水淹时间变化

（e）MDA质量分数随水淹时间变化

图 5-2　不同淹水条件下湿地松的生化指标随时间的变化

如图 5-2（e）所示，湿地松不同淹水处理组幼苗在 7 天、15 天、30 天时的 MDA 质量分数变化差异并不明显；在淹水胁迫 45 天时，四个处理组 MDA 质量分数的差异变得显著（$P<0.05$）。全淹组 2 和全淹组 4MDA 质量分数变化差异明显，其中 MDA 质量分数变化规律为根淹组 3>全淹组 4>全淹组 2>根淹组 1>对照组。随着水淹时长的增加，湿地松叶片 MDA 质量分数随着时间的增加呈现先降低后增加的趋势，逐步恢复至最初水平。此外，根淹组 1、全淹组 2、根淹组 3 和全淹组 4 叶片 MDA 质量分数随着时间时长的增加，分别在水淹 120 天，150 天，60 天和 45 天达到峰值。

　　研究水淹试验过程中湿地松中常量元素（C、N、P 和 K）的质量分数变化（表 5-1），结果表明所有元素在淹水初期暂时积累。随着淹水的持续，叶片中的 N、P 和 K 质量分数下降，但在淹水 60 天后最终趋于稳定。淹水 30 天后，叶片中的 C 和 P 质量分数最高的是 T_3，其次是 T_2，然后是 T_1，最后是 T_4。淹水 150 天后，半淹水幼苗（T_2 和 T_4）叶片 N 和 K 质量分数显著高于全淹水幼苗（T_1 和 T_3）。在淹水开始时，0～30 天，T_4 的叶片 C 和 P 质量分数高于其他处理组（与初始 C 和 P 质量分数相比，分别增加了 11.5% 和 37.2%）。淹水 7 天后，叶片含氮量变化不明显；然而，从第 60 天开始，这些值显著降低。从表 5-1 中不难看出随着水淹时间的增加，除 T_4 外，其余各组结果中钾质量分数均低于对照组，淹水胁迫对 T_1 影响最明显，其中植物叶片 C/N 比在 0.737～0.794（T_4）、0.744～0.826（T_3）和、0.788～0.971（T_2）、0.824～0.885 9（T_1）、0.731～0.789（对照）之间。整个试验过程养分质量分数损失率在 6.3%～17.2%（C）、5.5%～15.8%（N）、6.9%～23.6%（P）和 3.3%～28.5%（K）之间。根据释放速率值和养分质量分数损失变化，选取 30 天作为释放率的转折点。浸没过程分为三个阶段，即：（1）早期，储存速度快（第一阶段：0～7 天）；（2）快速释放率（第二阶段：7～60 天）；（3）后期释放速率缓慢（第三阶段：60～150 天）。整个试验过程苗木成活率较高达 95.3%。

表 5-1　湿地松常量元素质量分数

质量分数		阶段 1		阶段 2		阶段 3		
		淹水 3 天	淹水 7 天	淹水 15 天	淹水 30 天	淹水 60 天	淹水 120 天	淹水 150 天
C 质量分数 /（g/kg）	CK	0.026 4	0.030 2	0.018 5	0.000 5	0.016 9	−0.001 3	−0.007 7
	T_1	−0.040 5	−0.052 5	−0.052 5	−0.067 5	−0.069 0	−0.082 4	−0.079 1
	T_2	−0.055 1	−0.078 0	−0.087 0	−0.087 7	−0.094 6	−0.099 1	−0.172 1
	T_3	0.039 8	0.030 3	0.011 6	−0.034 8	0.005 1	−0.061 2	−0.063 5
	T_4	0.013 2	−0.019 1	0.044 9	0.013 1	0.000 0	0.013 2	−0.019 1
N 质量分数 /（g/kg）	CK	0.020 0	0.038 8	0.010 2	0.020 3	−0.017 7	−0.054 6	−0.055 1
	T_1	−0.007 1	−0.069 7	−0.093 1	−0.106 6	−0.157 8	−0.155 0	−0.157 9
	T_2	0.118 9	0.080 0	0.048 5	0.032 9	0.023 5	0.021 3	0.021 1
	T_3	−0.004 7	0.006 9	0.002 1	−0.010 4	−0.049 7	−0.134 3	−0.135 4
	T_4	0.021 2	0.016 5	0.004 1	0.004 7	−0.000 8	−0.007 8	−0.030 7
P 质量分数 /（g/kg）	CK	0.115 1	0.095 0	0.072 2	0.103 6	−0.027 7	−0.109 4	−0.087 1
	T_1	0.045 1	0.016 2	0.012 5	−0.039 3	−0.109 9	−0.171 6	−0.236 3
	T_2	0.053 7	0.019 1	−0.044 3	−0.100 6	−0.105 3	−0.121 2	−0.126 7
	T_3	0.108 1	0.061 7	0.002 4	0.063 8	0.090 6	0.073 8	0.069 2
	T_4	0.011 5	0.023 1	0.046 7	0.051 5	0.000 0	0.011 5	−0.02 5

续表

质量分数		阶段 1		阶段 2		阶段 3		
		淹水 3 天	淹水 7 天	淹水 15 天	淹水 30 天	淹水 60 天	淹水 120 天	淹水 150 天
K 质量分数 /（g/kg）	CK	0.040 2	−0.022 0	−0.006 9	−0.026 5	−0.015 7	−0.028 2	−0.033 2
	T_1	−0.058 1	−0.222 9	−0.203 1	−0.220 8	−0.269 5	−0.316 7	−0.283 7
	T_2	−0.052 1	−0.178 3	−0.232 1	−0.249 2	−0.285 5	−0.285 6	−0.284 6
	T_3	0.052 6	0.023 2	0.017 8	0.015 1	−0.093 0	−0.103 5	−0.099 2
	T_4	−0.077 4	−0.118 2	0.103 3	−0.010 1	0.000 0	−0.077 4	−0.118 2

注：CK 表示对照组；T_1 代表轻度干旱-中度淹没；T_2 代表中度干旱-中度淹没；T_3 代表轻度干旱-深度淹没；T_4 代表中度干旱-深度淹没。

结果表明，干旱胁迫增加会降低湿地松幼苗抵御洪水胁迫的能力。湿地松幼苗在淹水条件下可以通过积累某些营养元素来维持其生长，这意味着湿地松有较好的耐淹水性，适合在三峡库区重新造林。

5.1.2　中山杉适生性研究

中山杉是由落羽杉、墨西哥落羽杉（*Taxodium mucronatum*）及池杉种间杂交培育出的优良品种，具有极佳的耐淹性，在三峡库区消落带（重庆）在内的长江中下游地区得到成功应用。

以重庆市万州区消落带——沱口车山杉试验林试验林为例。在三峡库区高程为 165～168 m 的位置栽植规格为米径 3 cm 的中山杉，其种植区经历从 2009 年至 2022 年十余年时间的极端考验，每年水淹时间长达 150 余天，最大深度为水下 8～10 m，但存活率仍可达 85% 以上。目前该区域中山杉最大规格米径 35 cm（H15 m），树身在三峡水库最高水位下仍能高出水面一半，展现了水上森林的美丽景观。按水位高程不同，将消落带高程 > 171～175 m 划分为浅水区（shallowly submerged，SS）、高程 > 168～171 m 划分为中度水淹区（moderately submerged，MS）、高程 > 156～168 m 划分为深度水淹区（deep submerged，DS）。每次在三组样带中随机地抽取约 20～30 株样本中山杉，通过测定其各类理化指标，从多个角度开展中山杉的功能性状特征及变化规律研究。研究发现高程 171 m 为分界线，消落带 171 m 以上中山杉的生长状况显著优于高程 171 m 以下。深度水淹区（DS）叶片表现出旱生性状，气孔孔径变小，栏组织变厚。中度水淹区（MS）根系中的 NSC、可溶性糖、淀粉、酒石酸、苹果酸及柠檬酸含量高，但深度水淹区（DS）却相反，其草酸含量最高。中山杉有着较好的自我修复能力，中度水淹区（MS）内中山杉代谢活跃，显示出对淹水胁迫有一定的适应性，能够自我恢复，胁迫在中山杉的自身调节能力极限范围内，植株能保持正常的生长发育。浅水区（SS）植株生长状况要明显优于中度水淹区（MS），前者的生长周期未受到明显影响，但两者的存活率却没有显著差别，均维持在较高水平（阮宇 等，2022）。

对经过 93 天不同水淹处理（对照、水浸、浅淹、深淹）后的中山杉叶片和根系的无氧呼吸酶活性、淀粉及可溶性糖含量、生物量、根系活力研究结果表明：长期水淹使中山杉叶片与根系中 3 种无氧呼吸酶（乙醇脱氢酶、丙酮酸脱羧酶、乳酸脱氢酶）活性显著增加，且叶片与根系的乙醇脱氢酶活性要相对高于乳酸脱氢酶，根系与叶片通过以酒精发酵为主的无氧呼吸适应长期缺氧环境。在不同的实验组内叶片的 3 种无氧呼吸酶活性高于根系，说明叶片对缺氧环境的敏感度更高，叶片和根系淀粉、可溶性糖含量均随水淹深度的增加显著增加，根系淀粉含量显著高于叶片，可溶性糖含量低于叶片。中山杉根系淀粉含量高是其能够长期忍受水淹的重要原因，且中山杉适应长期水淹的策略为忍耐型。经受长期水淹后中山杉根茎结合部长出气生根及茎基部膨大，同时根系外壁的木质化能将根系与外部水淹环境隔离，具有很强的耐淹性（张艳婷 等，2016）。

5.1.3　落羽杉适生性研究

落羽杉也是三峡库区落带植被修复的常用适生树种。对忠县三峡库区消落带植被修复示范基地 3 个水淹处理组（深度水淹组，DS；中度水淹组，MS；浅淹对照组，SS）的落羽杉叶片与细根 C、N、P 生态化学计量特征研究结果表明：①在对各水淹处理组落羽杉叶片 C 含量的测定中发现 SS 组显著高于 MS，且 SS 组>DS 组>MS 组。细根 C 含量在不同的处理组中差异性较小。②在对细根与叶片的 P、N 含量测定中发现，前者的 P、N 含量呈现出 DS 组<MS 组<SS 组的协同增长趋势；而后者的 N、P 含量则表现为 DS 组>MS 组>SS 组的协同降低趋势，且叶片 N、P 含量分别约为细根 N、P 含量的 3 倍和 2 倍。③各水淹处理组的叶片 C/N、C/P 比值明显低于细根，但叶片 N/P 比值均高于细根，且其比值相对稳定，均表现为 SS 组>DS 组>MS 组的趋势。④相关性分析的结果表明，在叶片中的 P 含量与细根中的含量 N 呈现显著负相关，而叶片 N/P 比值与细根 N/P 比值呈现显著正相关。落羽杉叶片与细根在生长和代谢阶段中，地下部分与地上部分混在养分与光合产物间保持分配均衡，以维持营养的动态平衡，使落羽杉具有内稳性，从而更好地适应和响应三峡消落带水位变化（刘明辉 等，2020）。

针对消落带植被修复忠县示范基地落羽杉营养特征研究结果发现：①水位变化对高程 175～165 m 范围的落羽杉营养元素吸收造成了明显影响。随着水淹时长与深度的增加，落羽杉根系营养元素吸收与运输受到抑制、能量代谢受阻，根系功能紊乱，落羽杉 N、P、K、Ca、Zn 吸收减少。水淹导致土壤中 Fe^{2+}、Mn^{2+} 含量升高，落羽杉 Fe、Mn 吸收增加。②落羽杉冠幅与 Fe、Cu 含量呈极显著负相关关系，但是与植株 N、P、K、Mg 含量呈极显著正相关关系。株高与 Mn 含量呈显著负相关关系，而与 N、K、Mg 含量呈极显著正相关关系，与 P 含量呈显著正相关关系，而与 Fe、Cu 含量呈极显著负相关关系。落羽杉营养元素含量与土壤元素含量无显著相关性。③不同高程消落带落羽杉营养元素的累积量不低于正常范围，且没有严重元素缺乏情况发生，说明落羽杉能很好地适应三峡库区消落带的水位变化，能够对水位变化做出积极的响应，平衡各元素的积累量，维持植株正常生长（马文超 等，2017）。

5.2　三峡库区消落带植被恢复技术模式

在针对三峡库区消落带植被恢复技术的研究中，我们可以将其归纳为生态问题的治理，一般分为三种措施来修补，包括生物措施、工程措施及工程和生物措施相结合的方式。三种方式均存在相应局限性，工程措施没有景观的价值，且成本较高，从功能性角度来看其不仅扰乱水陆间的物质和能量交换，而且会使消落带的污染处理能力降低，因此仅建议在不适合采取生物措施且坡度较陡的地区使用，这些地区大约占消落带总面积的 3%（周永娟 等，2010）。与工程措施相比，生物措施有着良好的生态与景观效益，是消落带生态修复的首选方法。生物措施通过建立自稳定维持的植被系统，增加植被覆盖率，通过使用植物来降解和吸收污染物、防止陆地污染物进入水域、减少土壤侵蚀、稳定岸线，并提升消落带生态和景观质量，可以从根本上改善消落带的生态问题（樊大勇 等，2015）。

如何选择适宜的物种是植被恢复和重建的关键。在三峡库区消落带修复中，对物种选择应考虑水位变化节律、生态环境特征及其功能需求，优先选择能适应水陆变化、耐淹、迅速恢复生长、具有强根系固土保土能力、高效截留和富集污染物、具有良好景观效果、耐贫瘠、易管理、抗病虫害和抗旱的本地物种，在物种选择时应考虑以下因素：首先是倾向于选择对水陆变化环境适应性较强的本土物种，以便其生长周期能够与水库水位变化同步；其次是优先选择高耐淹物种；此外，应考虑根系发达的物种，以利于保土固土；还应选用具有较强截污能力、能有效吸收和富集水体中氮、磷等污染物的物种；最后，考虑到植被的景观效应，应考虑耐贫瘠、管理简便、病虫害抵抗能力强及耐旱的物种（谭淑端 等，2008）。

在物种筛选的基础上，物种配置和布局应全面考虑消落带的具体环境条件、功能要求、技术能力、资源状况、水体影响等多方面因素，并应用景观生态和园林绿化的理念和技术。通过实施结合工程技术和生物控制的措施、以生态恢复为核心的策略及科学分配生态位，可以实现物种的优化配置和景观设计的最佳效果。这种综合方法旨在提升植物适应性和生长效率，同时促进生态保护和生物多样性的持续发展。

5.2.1　生态恢复技术模式调研

消落带生态恢复作为世界性的研究难题，得到了国内外学者的广泛关注，同时也取得了丰硕的成果。2017 年到 2018 年底，为了充分地了解三峡库区消落带植被恢复技术，对库区已有的 5 个典型生态修复示范工程及其成效开展了专题调研，并对主要的技术模式进行了系统总结。具体生态修复示范工程及主要技术模式主要包括如下几个方面。

1. 开州澎溪河基塘工程

三峡水库每年 9 月开始蓄水，4～9 月是植物生长的主要时期。基塘工程模式是针对季节性水位变化而设计，通过在三峡库区消落带的较平坦斜坡上建立一系列水塘，创建一个生态有效的基塘系统（图5-3）。水塘的规模、深度和形状依据三峡库区的自然地势及生态特点来定制，塘内选择既有观赏性也有环境净化作用且具有经济价值的湿地作物、蔬菜和水生花卉，以充分发挥消落带丰富的营养资源。这套系统中的植物在4～9月生长季能够提供环境净化、美化景观和增加碳汇的功能，大部分湿地植物在生长季内都能完成其整个生长周期。2009年重庆大学联合重庆市开州区林业局、重庆市开州区澎溪河湿地自然保护区管理局在澎溪河老土地湾，筛选种植具有观赏和经济价值、耐深淹的菱角、普通莲藕、太空飞天荷花（图5-4）、荸荠（*Heleocharis dulcis*）、慈姑（*Sagittaria trifolia* var. *sinensis*）、茭白（*Zizania latifolia*）、水生美人蕉（*Cannaglauca*）、蕹菜、水芹（*Oenanthe javanica*）等水生植物。在经过近十年的冬季水淹后，基塘中各类植物均长势良好、存活率较高，具有可观的生态效益和经济效益。

图5-3　澎溪河白夹溪消落带基塘工程（夏季）

图5-4　澎溪河白夹溪消落带基塘工程的太空飞天荷花（夏季）

2. 开州澎溪河林泽工程

根据三峡库区消落带水位变动规律，并通过筛选耐淹且具有经济价值的乔木、灌木等木本群落，在高程 160～180 m 的区域内种植木本植物并构建大约 20 m 宽的生态屏障带。重庆大学的研究团队通过实验，筛选出了能耐受冬季深水淹没的树种，如池杉、落羽杉、水松和乌桕等乔木，以及秋华柳、枸杞、长叶水麻（*Debregeasia lorgifolia*）、桑树等灌木。重庆大学于 2009 年在澎溪河白夹溪板凳梁、大湾启动了林泽工程建设，并在 2012 年开展了林泽-基塘复合系统的试验研究（图 5-5、图 5-6）。经历多年的水淹考验，

图 5-5　冬季三峡水库高水位时澎溪河白夹溪消落带被淹没情况

图 5-6　经受冬季水淹考验的澎溪河白夹溪消落带林泽工程

该林泽-基塘复合系统工程的木本植物表现出较好的存活和生长状态，在夏季，林泽-基塘复合系统的木本群落为消落带动物提供养分来源和避难场所；在冬季，突出水面的乔木枝干成为水生鸟类的理想栖息之所。同时，鸟类的活动也间接促进了植物繁殖体传播，进而增加了该生态系统的物种多样性。林泽-基塘复合系统发挥了岸坡防护、生态缓冲、水质净化、提供生物栖息地、景观美化和碳汇等多种生态服务功能。

3. 开州大浪坝"沧海桑田"工程

2010 年，以任荣荣教授为组长的课题组将任氏饲料桑引进消落带，取得了耐淹试验、饲料桑畜禽淡水鱼养殖、桑树综合利用等一系列重要科技成果。2016 年在重庆市开州区林业局、重庆市开州区澎溪河湿地自然保护区管理局的支持下，项目团队在高程 166 m 上下的消落带增挖水生经济作物净水沉沙塘，在消落带栽植墨西哥落羽杉、中山杉、池杉，在塘内栽植太空莲、菱角等，取得规模效果。目前，大浪坝已经自上而下形成饲料桑（果桑）纯林、饲料桑和杉树混交林、中山杉纯林等湿地森林、净水沉沙荷花塘及耐淹草滩的植被（图 5-7）。

图 5-7 开州大浪坝"沧海桑田"工程

4. 忠县石宝镇生态修复工程

中国科学院水利部成都山地灾害与环境研究所联合中国科学院植物研究所、中国科学院武汉植物园，于 2007 年开始在忠县库段消落带开展了消落带适生植物筛选及生态系统重建的科学研究实践工作，进行消落带多功能复合系统重建研究试验（图 5-8）。筛选出抗旱耐淹且具护坡效应的狗牙根、双穗雀稗、牛鞭草、野古草、桑树、旱柳、池杉、荷花等十余个耐淹植物品种，形成了一系列解决三峡库区消落带植被重建的技术途径。

图 5-8　忠县石宝镇消落带植被生态修复

1）自然恢复

在土层较深厚的消落带、人迹罕至、坡度 5°以下区域内，可以利用自然生物群体的发展模式来促进那些繁殖力强且适应性广的一年生和多年生草本植物的自然生长。这些植物不仅能从土壤中的种子库发芽，也能通过水位变化区域的边缘物种自然散播，从而有效地促进自然植被的恢复和自然演变过程。

2）人工种植林草

人工植被重建建议优先种植草类，选取适合当地消落带气候与水文条件的草本植物如牛鞭草、双穗雀稗、狗牙根、野古草等。在草本植物生长的同时，辅以桑树、旱柳、池杉等灌木及乔木的栽种，达到人工种植恢复生态的效果。

3）水生植物构建景观植被

在水生植物构建景观植被时，采取一定措施利用睡莲、黄菖蒲（*Iris pseudacorus*）等水生植物进行湿地植被恢复，并在坡度平缓的地段种植池杉、旱柳等植物。

5. 忠县石宝镇湿地生态植被修复工程

2012 年重庆市湿地保护管理中心与西南大学共同在忠县石宝镇沿江库岸段开展三峡库区消落带湿地生态植被修复技术推广示范建设（图 5-9、图 5-10）。

对位于高程>145～160 m 区域的湿地，以多种草本配置为主体；草本种类包括狗牙根、牛鞭草、卡开芦、小巴茅，按株行距 0.5 m×0.5 m 进行块状混交。

对位于高程>160～170 m 区域的湿地，以灌草立体配置为主体。灌木种类主要包括秋花柳、中华蚊母树，分别与狗牙根、牛鞭草、卡开芦、小巴茅等草本种类进行带状混交种植。以平行于河流方向按高程每变化 2.5 m 设置为一条混交种植带，共设置 4 个条带。灌木按株行距 1 m×1 m 配置，草本按 0.5 m×0.5 m 株行距栽植。

对位于高程>170～175 m 区域的湿地，以乔灌草立体配置为主体，最终形成具有合理配置、结构功能良好的立体生态植被体系。乔木种类主要包括落羽杉、池杉、南川柳、垂柳，灌木包括秋花柳、中华蚊母树，草本种类包括狗牙根、牛鞭草、卡开芦、小巴茅。

将这些乔灌草进行带状混交种植。以平行于河流方向按高程每变化 1.5 m 设置为一条混交种植带，共设置 3～4 个条带。乔木按株行距 2 m×1.5 m 配置，灌木按株行距 1 m×1 m 配置，草本仍按 0.5 m×0.5 m 株行距栽植。

图 5-9　忠县石宝镇消落带湿地植物

图 5-10　忠县石宝镇消落带乔灌草立体配置

2013 年 3 月上旬湿地生态植被修复相关研究单位在忠县石宝镇沿江库岸段，对 2012 年建立的 200 亩①湿地生态植被修复推广示范基地进行了调查。淹没历时 4 个月的水生植物，成活率达到 90%以上，消落带治理效果明显。

① 1 亩≈666.67m²。

5.2.2　生态恢复技术模式研究

1. 消落带生态恢复原则

在调研基础上，通过系统地消化、吸收和再提升，研究提出了三峡库区消落带生态恢复主要原则：①动态性原则：针对消落带水位变化的动态特性进行植被配置时，应该充分考虑其优势与局限性。在植物选择上，应侧重本土及其他适应能力强的植物，以确保它们在水位下降后能形成生长生境，同时也满足居民的休闲和景观需求，确保各种水位条件下都有景观存在。②安全性原则：消落带是三峡库区重要的生态过渡带，进行植物景观营造时不仅应修复受损植物群落，亦应考虑如何利用植被的污染物过滤和截留能力来净化地表径流，减少城市污染物对长江的影响，以保护三峡库区水质安全。③生态性原则：消落带作为滨水生态修复带的重要流域，在进行植物景观营造时，应注重保护和恢复原有条件下生长良好的植物群落，采取适当的生态修复措施增强生物多样性，减轻水利工程对原生生态环境的影响，提升消落带的植被多样性和生态稳定性。

2. 水位对生态恢复的影响

基于消落带生态恢复原则，结合现场调查，研究认为，水位的非节律性涨落及生态干扰，不仅是消落带生态退化的直接影响因子，而且是生态恢复的主要限制因素。根据植被构建的生态适宜性评价，研究提出在水位高程>145~155 m区域，植被构建宜选用耐水淹、耐炎热、裸露后生长覆盖迅速、根系发达、不定芽萌生快且易于营养繁殖的草本植物；在水位高程>155~165 m区域，植被构建宜构建复合植物种群结构，自然恢复为主，辅以人工种植根系发达、耐盐性强、生长迅速的草本植物和小型灌木；在水位高程>160~165 m区域，植被构建宜构建灌丛向疏林过渡群落，该区域干旱期长，选择的植物不但要耐水淹，也要耐长期干旱；在水位高程>170~175 m区域，植被构建宜结合城镇滨水绿化和乡村原有地形地貌构建河岸林带。植被构建对景观效益要求较高，可兼顾景观、经济效益构架乔灌草多层次植物群落结构。系统总结了三峡库区消落带植被生态适宜性与植被构建限制特征，具体见表5-2。

表 5-2　三峡库区消落带植被构建模式

水位高程	植被构建模式
>145~155 m	宜选用耐水淹、耐炎热、裸露后生长覆盖迅速、根系发达、不定芽萌生快且易于营养繁殖的草本植物
>155~165 m	宜构建复合植物种群结构，自然恢复为主，辅以人工种植根系发达、耐盐性强、生长迅速的草本植物和小型灌木
>160~165 m	宜构建灌丛向疏林过渡群落，该区域干旱期长，选择耐水淹、耐长期干旱植物
>170~175 m	宜结合城镇滨水绿化和乡村原有地形地貌构建河岸林带；可兼顾景观、经济效益构建乔灌草多层次植物群落结构

3. 生态恢复技术模式

坡度是消落带生态恢复的主要限制因子之一，坡度不仅影响植被构建的立地条件，而且对土壤水、肥、气、热等都有直接影响，同时坡度也影响生态修复技术的适用性。因此，研究针对三峡库区消落带典型坡度带进行了划分，主要划分为缓坡消落带（坡度≤15°）、缓坡消落带（坡度>15°～25°）、陡坡消落带（坡度>25°～35°）、陡坡消落带（坡度>35°～45°）、崩塌消落带（坡度>45°）和库湾滩涂消落带（坡度≤5°）六种类型。同时针对不同坡度的生态恢复限制因子和技术模式进行了总结，提出了六种消落带生态恢复技术模式（表5-3）。

表5-3　三峡库区消落带生态恢复技术模式

消落带类型	生态修复技术模式	技术特点	典型剖面
缓坡消落带（坡度≤15°）	挖穴整地+两栖植物造林	此类消落带的地形较为完整且坡度较低，坡面土体受水库水位冲刷侵蚀作用相对较小。因此，通过人工挖穴整地后，可成为理想的岸坡造林地	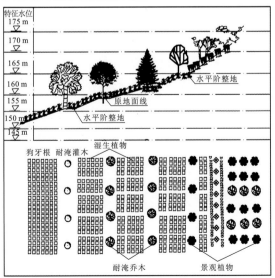
缓坡消落带（坡度>15°～25°）	水平阶整地+两栖植物造林	此类消落带地形坡度适中，但受水位涨落冲刷强度较大，坡面土壤养分易流失。因此，沿等高线进行采用水平阶整地后，岸坡可形成种植平台，通过台阶内挖穴种植两栖植物及种植两栖草种和岸顶灌木隔离带，从而形成此类岸坡多群落、多结构的植被生态系统	

续表

消落带 类型	生态修复 技术模式	技术特点	典型剖面
陡坡消落带 （坡度 > 25°～ 35°）	木排桩整地+两 栖植物造林	此类消落带坡度较陡，水位波动对岸坡地表的侵蚀强度大，养分难以留存。可采用工程措施辅助形成岸坡植被生长的土壤环境，常用措施为"木排桩整地+两栖植物造林"模式，沿等高线排状打入仿木桩，形成挡土坎，为上坡位消涨区造林形成植物正常生长的环境	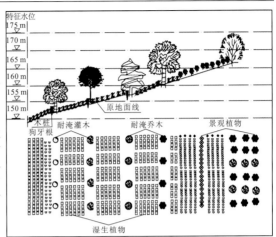
陡坡消落带 （坡度 > 35°～ 45°）	自锁砌块整地 +两栖植物 造林	此类消落带坡度较陡，但通常坡面较为平整，植被受水位涨落冲刷非常严重。可采用自锁砌块护岸。自锁砌块体为渗透性良好的生态混凝土材料，互相咬合，同时可以过水、防冲刷，可有效防止岸坡土体流失入库	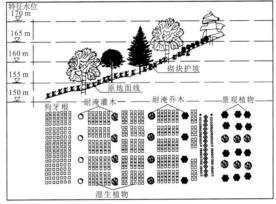
崩塌消落带 （坡度 > 45°）	生态袋整地+两 栖植物造林	此类消落带坡度陡峭，通常可见水面上下库岸联体崩塌。对正常水位以上的崩塌区，可以通过削坡处理后，穴植两栖乔木，形成固岸林。对水库正常水位以下的崩塌区，可以采用生态袋护坡+两栖护岸林模式防护	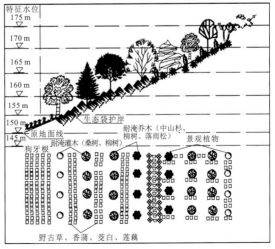

续表

消落带类型	生态修复技术模式	技术特点	典型剖面
库湾滩涂消落带（坡度≤5°）	生态溢流堰+两栖乔木缓冲带+水生植物过滤带	一般库湾均分布有滩涂湿地（坡度≤5°），地形开阔，水流冲刷力小。此类消落带为流域汇水入库通道，上游面源污染、泥沙等主要从此区域入库，一般可进行拦截、过滤，可以通过在库湾出口设置生态溢流堰，库湾内部布置两栖植物缓冲带、水生植物过滤带等，消减入库污染、保持水土等	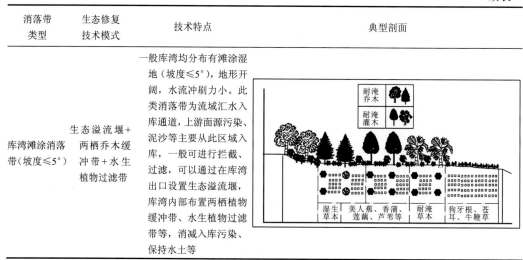

另外，除坡度以外，土壤状况也是影响消落带生态恢复的主要限制因子之一。受消落带土壤演化史、冲积平衡和发育状况等的限制，不同消落带生态恢复的土壤条件也存在显著差异。土壤条件和坡度交叉影响使得消落带乔灌草混交种植模式变得更加复杂。

根据对库区的典型调研与试验，研究认为峡谷陡坡薄层土型、中缓坡坡积土型和支流尾闾型消落带由于土壤条件和坡度条件的差异，适宜采取不同的乔灌草混交种植模式（表5-4）。

表5-4　峡谷陡坡薄层土型消落带乔灌草混交种植模式

高程区段/m	植物种类	配置方式	株行距/m	建设技术
>166~175	乔木：垂柳、枫杨、池杉、落羽杉　灌木：桑树，紫穗槐	带状混交：每个乔木树种栽植二行，行间栽植一行灌木	乔木：6×6　灌木：3×3	整地方式和规格：穴状整地，栽植乔木的穴为1 m×1 m×1 m，灌木为0.5 m×0.5 m×0.54 m；苗木规格：乔木胸径3.5~4.0 cm，灌木地径2 cm，冠幅30 cm以上。造林季节：春季，栽植深度在苗木根茎处原土印以上3 cm左右，要求根正、苗舒，栽完后浇透定根水。抚育：按造林技术规程进行苗期窝抚
>163~166	灌木：桑树，紫穗槐　草本：狗牙根、野古草	带状混交：每个灌木树种栽植二行，行间栽植一行草木	灌木：3×3　草本：0.5×0.3	整地方式和规格：水平沟整地，规格为0.3 m×0.2 m。苗木规格灌木地径2 cm以上，冠幅30 cm以上。造林季节：春季，栽植深度在苗木根茎处原土印以上3 cm左右，要求根正、苗舒，栽完后浇透定根水。抚育：按造林技术规程进行苗期窝抚
>156~163	草本：回头青、狗牙根、野古草，菖蒲	分带种植	草本：0.5×0.3	整地方式和规格：水平沟整地，规格为0.3 m×0.2 m。草本要求根系完整

1）峡谷陡坡薄层土型消落带乔灌草混交种植模式

峡谷陡坡薄层土型消落带乔灌草混交种植模式前后对比如图5-11所示。

（a）混交种植模式前　　　　　　　　　　　　　　（b）混交种植模式后

图 5-11　峡谷陡坡薄层土型消落带乔灌草混交种植模式前后对比图

2）中缓坡坡积土型消落带浅水区草本植物种植模式

代表性地点：巫山县巫峡镇；高程区段：高程>165～175 m 区域；主栽植物：香根草，株行距 0.5 m×0.5 m；整地规格 30 cm×30 cm×20 cm；种植技术：整地时除去杂草，剔除石块。窝大底平，栽植前灌足定根水。栽植后，上覆细土，轻轻镇压并及时浇水。

3）支流尾闾型消落带乔木和草本分带培植模式

代表性地点：巫山县大昌镇；高程区段：高程>145～175 m 区域，其中高程>170～175 m 区域，枫杨和落羽杉相间带状种植，株行距 1 m×2 m，整地规格 50 cm×50 cm×40 cm；高程>160～170 m 区域，乌桕和中华蚊母树相间带状种植，株行距 1 m×2 m，整地规格 50 cm×50 cm×40 cm；高程>145～160 m 区域，狗牙根和马唐块状混交，株行距 10 cm×10 cm；种植技术：整地时除去杂草，剔除石块。窝大底平，栽植前灌足定根水。栽植后，上覆细土，轻轻镇压并及时浇水。

5.3　本　章　小　结

本章通过试验研究结合调研讨论分析了典型乔木在不同淹水胁迫环境下生理生态指标变化，为消落带适生乔木的选择提供依据。在此基础上进一步结合调研分析，总结提出了基于高程的三峡库区消落带植被构建模式。将三峡库区消落带典型坡度带进行了划分，基于坡地和立地条件提出了多种三峡库区消落带生态恢复技术模式。主要研究结论如下。

（1）对比一年生的草本，多年生物种在景观和生态经济价值、截污去污、固土护岸、群落自稳定性等各方面上占优势，故而多年生物种常被选择用来进行消落带生态修复。多年生乔木中，中山杉、落羽杉均对三峡库区消落带水位变化具有很好的适应能力，在淹水胁迫下会通过不同路径做出积极响应，显示出较好的耐水淹能力，可以作为三峡库区消落带植被重建树种。

（2）消落带生态恢复应以动态性、生态性和安全性为原则，基于高程构建消落带植被。在高程>145～155 m 区域，植被构建宜选用耐水淹、耐炎热，裸露后生长覆盖迅速，根系发达、不定芽萌生快且易于营养繁殖的草本植物；在高程>155～165 m 区域，植被构建宜构建复合植物种群结构，自然恢复为主，辅以人工种植根系发达、耐盐性强、生长迅速的草本植物和小型灌木；在高程>160～165 m 区域，植被构建宜构建灌丛向疏林过渡群落，该区域干旱期长，选择的植物不但要耐水淹，也要耐长期干旱；在高程>170～175 m 区域，植被构建宜结合城镇滨水绿化和乡村原有地形地貌构建河岸林带。可兼顾景观、经济效益构架乔灌草多层次植物群落结构。

（3）坡度是消落带生态恢复的主要限制因子之一，坡度不仅影响植被构建的立地条件，而且对土壤水、肥、气、热等都有直接影响，同时坡度也影响生态修复技术的适用性。针对坡度≤15°缓坡消落带宜采取挖穴整地基础上开展两栖植物造林的技术模式；针对坡度>15°～25°缓坡消落带宜采取水平阶整地基础上开展两栖植物造林的技术模式，针对坡度>25°～35°陡坡消落带宜采取木排桩整地+两栖植物造林技术模式；针对坡度>35°～45°陡坡消落带宜采取自锁砌块整地+两栖植物造林技术模式；针对坡度>45°崩塌消落带宜采取生态袋整地+两栖植物造林技术模式；在库湾滩涂消落带可采用生态溢流堰+两栖乔木缓冲带+水生植物过滤带技术模式。

第6章 三峡库区消落带土地利用模式

6.1 三峡库区消落带生态类型及土地资源分布特征

三峡库区的光热雨资源集中期与库区消落带的成陆期基本同步，且因水位消落过程中的土壤沉积，给消落带带来结构松散的较肥沃表土，其不易滋生昆虫杂草，具有较高的生产潜力，是一种宝贵的土地资源，可多种利用。在三峡库区人多地少、人地矛盾突出的背景下，消落带在三峡水库蓄水期及运行期长期被三峡库区农民和有关部门季节性利用（徐元刚 等，2008）。现有利用模式下常见的开发方式有以下几种：林业发展模式、草业发展模式、传统作物发展模式、观光旅游业发展模式。刁承泰和黄京鸿（1999）、黄京鸿（1994）按照利用时间长短将三峡库区消落带划分为常年利用区、季节性利用区和暂时利用区，根据可利用时间长短在成陆期进行养殖业、渔业利用、饲草种植、农业耕种等。涂建军等（2002）在总结国内水库消落带利用的成功经验基础上，结合开州区实际情况，提出了4种消落带土地整理利用模式，即工程防护模式、季节性农耕模式、生物工程模式、水产养殖模式。杨清伟等（2006）根据土地利用方式不同将三峡库区消落带土地整理和可持续利用模式归纳为：工程防护模式、季节性农耕模式、植被重建模式和防护林模式4种。徐泉斌等（2009）以坡度和高程为依据，基于生态环境保护，将土地利用方式分为湿地农业生态区、自然生态区、农林区、陡坡区、边缘区等。袁辉等（2006）根据建设模式的不同提出了直接利用模式、湿地生态保护区模式、生态试验示范区建设模式、消落带护理建设模式等4种土地利用保护模式。周永娟等（2010）提出了桑蚕模式、香根草模式、季节性农耕模式、观光旅游业发展模式、草-渔轮作模式。同时，三峡库区消落带不恰当的土地资源利用会助推三峡库区消落带生态系统的恶化，给三峡库区消落带生态系统带来较大的风险。因此在不损坏三峡库区消落带生态系统结构与功能的前提下，使三峡库区消落带土地利用价值最大化，实现三峡库区消落带生态系统的可持续发展，是当前三峡库区消落带保护和利用所面临的巨大挑战（程瑞梅 等，2010）。此外，分析三峡库区消落带土地资源特征，对三峡库区消落带土地资源开发与合理利用研究具有着重要的意义，也可为政府和相关部门关于三峡库区消落带土地利用的相关决策提供科学依据。

6.1.1 三峡库区消落带生态类型

三峡库区消落带根据水淹特点可划分为峡谷型消落带、湖盆-河口-库湾-库尾型消落带、常淹型与出露型的岛屿型消落带，以及缓坡型与陡坡型的经常性出露型消落带、经常性水淹型消落带与半淹半露型消落带，共计 6 大类 12 个亚类。其中以半淹半露型、经常性水淹型、经常性出露型与湖盆-河口-库湾-库尾型为主，共占约 95.2%，半淹半露型占比最大为 34.1%，湖盆-河口-库湾-库尾型次之为 30.0%。此外在分缓坡型与陡坡型的半淹半露型、经常出露型和经常性水淹型三大类消落带中其缓坡型面积占比为 79.1%；岛屿型消落带、峡谷型消落带面积较小，共占消落带总面积 4.8%。根据消落带的不同水淹条件特点应采取不同保护措施，其中具有较好条件的半淹半露型、湖盆-河口-库湾-库尾型及经常性出露型消落带，可采取人工生态修复，辅以自然恢复；而对条件较差的岛屿型、峡谷型和经常性水淹型消落带应该以自然恢复为主、辅助开展人工生态修复（雷波 等，2012）。

三峡库区消落带按岩性可以分为硬岩型、软岩型及松软堆积型三大类，其中松软堆积型消落带根据地理位置不同又进一步划分为岛屿松软堆积消落带、沿岸松软堆积消落带、湖盆松软堆积消落带与库尾松软堆积消落带。在三大类消落带中硬岩型消落带面积占比最小，为总面积的 10.7%，其地表基岩裸露，松散堆积物和植被较少，地形陡峭，坡度一般在 30° 以上，应该以保护为主。软岩型消落带面积占比最大为总面积的 55.8%，其植被稀疏，也应该以保护为主。松软堆积型消落带面积占总面积的 33.5%，其中沿岸松软堆积消落带、库尾松软堆积消落带、湖盆松软堆积消落带、岛屿松软堆积消落带分别占松软堆积型消落带面积的 44.6%、21.4%、26.3%、7.6%，该类型消落带开发利用程度较高，以人工生态修复为主、自然修复为辅，并辅以对利用方向方式的政策指导（张虹，2008）。

赵纯勇等（2004）根据生态环境和可开发利用综合指标，将三峡库区消落带分为峡谷陡坡裸岩型、峡谷陡坡薄层土型、中缓坡坡积土型、开阔河段冲积土型（河流阶地、平坝型）、城镇河段废弃土地型（失稳库岸重点治理型）与支流尾闾型。苏维词等（2005）依照不同地段的地形将三峡库区消落带划分为河湾型、开阔阶地型、裸露基岩陡峭型与失稳库岸型。谢德体等（2007）以人类活动影响为因素将三峡库区消落带划分为城镇消落带、农村消落带、库中岛屿消落带和受人类活动影响的消落带。

6.1.2 三峡库区消落带土地资源分布特征

三峡库区消落带成陆的时期和范围随着三峡水库的调度运行而呈现有规律的变化。在三峡库区消落带的上部、中部和下部，土地出露的时期和面积有所差异，其结果见表 6-1。

表 6-1　三峡库区消落带土地资源的垂直分布

部位	高程/m	成陆时期	可利用时间/天	成陆土地				
				面积/hm²	占比重/%	现有水田/hm²	现有旱地/hm²	现有非耕地/hm²
上部	>170~175	2~10 月	270 左右	1 667	15.5	440	707	520
中部	>155~170	5~10 月	180 左右	5 173	48.0	1 613	2 467	1 093
下部	>145~155	6~9 月	120 左右	3 933	36.5	1 053	1 680	1 200
合计	—	—	—	10 773	100.0	3 106	4 854	2 813

由表 6-1 可知，三峡库区消落带内可供开发利用的土地面积很大，消落带出露的土地在成陆期面积可达 10 773 hm²。其中，利用期在 270 天左右可长期利用的土地面积占 15.5%，利用期在 180 天左右可中期利用的土地面积占 48.0%，利用期在 120 天左右可短期利用的土地面积占 36.5%（刁承泰和黄京鸿，1999）。

三峡库区消落带土地资源受河谷地貌和岸坡地形的影响。长江干流在奉节以东，河道两岸多为中山山地，岸坡较陡以峡谷地貌为主，成陆期间三峡库区消落带土地面积不大，多零散分布于峡谷之间的较宽河段上；在奉节以西，河岸岸坡较缓，河谷较为宽敞，两岸沟谷稠密，成陆期间三峡库区消落带出露土地面积较多而集中，为三峡库区消落带主要分布地段。

6.2　三峡库区消落带土地资源利用设计

根据忠县消落带土地利用相关分析结果，结合三峡水库的调度方案，分析三峡库区消落带土地资源特点，总结提出不同土地综合利用方式，可根据三峡库区消落带土地成陆时期、不同高程等因时、因地制宜，选择适宜的三峡库区消落带土地利用方式。

6.2.1　不同高程土地利用方式设计

由于三峡库区消落带不同高程受淹水胁迫影响不同，针对不同高程设计不同的利用方式如下（徐泉斌 等，2009）。

（1）自然生态区（高程 150 m 以下区域）。此区域易被水冲刷，土壤侵蚀较为强烈，且常有水蚀发生。因此，该区域只适宜种植芦苇、黑麦草（*Lolium perenne*）等耐水淹的湿地水生植物。耐水淹的湿地水生植物利用其发达的根系，在一定程度上能减少水土流失和土壤养分流失。

（2）湿地农业生态区（高程>150~160 m 区域）。此区域是湿地生态保护的重点区，且面积占比较大，在 5～9 月有 150 天左右出露期。此区域内坡度较缓≤15°区域，土质较好、地势平坦，可以种植水生蔬菜、湿生植物和农作物等一季作物。在坡度较陡>15°区域，土地利用生态风险较大，不适宜种植，宜在一些凹地种植具有一定观赏价值的湿地森林、湿地灌丛、湿地草丛等耐周期性水淹的、固土能力强的植被。

（3）农林区（高程>160～175 m 区域）。此区域出露期为 3～10 月，约 200～250 天。此区域内>15°～25°的坡地可以适当开展坡改梯与坡面水系建设，以截短坡长、拦蓄径流，并减少水土流失。在不宜大面积改造的特殊的生态环境功能区可选择落羽杉、池杉等耐水淹、经济利用价值高、适应性也强的优质速生树种。此区域高程 160 m 左右光热水资源组合条件较好，是三峡库区的主要农业生产基地，复种指数高，可在高程 160 m 区域修筑堤坝，落淤造田。对于蓄水前三峡库区消落带内的水稻田、旱地，可根据三峡库区消落带出露规律，选择适合的当地作物种植。在这部分土地农耕过程中，应推广用养地结合，开展合理轮作与套间混种，或应用免耕技术以基本保持表层土壤形态完整性，以减少因农作活动而造成三峡库区消落带水土流失。

（4）边缘区（高程>175～180 m 区域）。此区域地处三峡库区消落带边缘，宜通过工程治理和建造生态防护林固结库岸，以预防水土流失、滑坡和崩塌等地质灾害。并通过美化三峡库区周边环境，吸纳三峡库区周边面源污染物，减少污染物对三峡库区消落带及三峡库区水环境的影响。

（5）陡坡区（坡度>25°区域）。此区域占三峡库区消落带土地面积的 11.93%，约为 36.53 km^2，应该以生态保护为主，可以适当发展林业。此区域禁止开垦种植农作物，以防止新的水土流失，对现有坡耕地应该逐步退耕，恢复植被。高程>165～175 m 区域，应该控制水土流失，保持土壤理化性状和有机质，促使生态系统良性循环。此区域可以发展经济林和多年生经济作物，建立多元化的木本、粮、油立体经营复合生态系统，同时可以大大地缓解移民与耕地之间的矛盾。

6.2.2　基于不同季节设计土地利用方式

在充分考虑三峡库区消落带水位运行方式带来的消落带出露时间，农事活动作物生长期、三峡库区消落带面积可利用分布、汛期灌水等因素后，在满足作物生长期所要求的最短时间的前提下，基于不同季节设计三峡库区消落带土地利用方式。

（1）高程>165～175 m 区域。此区域的可利用的耕地面积广，出露时间长。此区域在保护维持生态环境的前提下，可以适当进行水产养殖业及生态旅游的开发。

（2）高程>155～165 m 区域。此区域消落带出露时间为每年 4～10 月上旬约 6 个月，可为该区的作物生长提供约 180 天的时间。且该段时间内，枯水期水位最高为 155 m，故此区域消落带不易被汛期洪水淹没，土地利用具有较高的保障性，同时露出时间段光热资源条件相对较优，退水出露期基本可以保证大季粮食作物的生长需求。

（3）高程>145～155 m 区域。此区域消落带出露时间为 6～9 月，出露时间较短不到 4 个月。同时此区域水位低于枯水期最高水位 155 m，在汛期易被洪水短期淹没，土地利用保障性较差。故此区域宜种植湿生植物和水生蔬菜，或关注水文预报栽种短期农作物。

6.2.3　基于不同三峡库区消落带类型设计土地利用方式

结合三峡库区立地条件、土地资源分布特征、农民种植特点、生态恢复技术研究及不同类型三峡库区消落带，设计土地利用方式如表 6-2 所示。

表 6-2　三峡库区消落带土地资源利用模式简表

类型及利用模式	高程/m	出露时间及持续时间	利用方向和措施
开阔阶地型消落带土地资源的农业利用模式	>145～155	6～9 月，120 天	速生短季瓜果、速生的蔬菜等农作物和蔬菜、瓜果，如白菜、茭白、萝卜，以及做榨菜用的大头菜、青菜等
	>155～165	5～10 月上中旬，约 150 天	能满足大季作物——中稻生长需求，也可以种植一些豆类或经济效益较高的瓜果蔬菜作物，如中晚熟草莓、西瓜，中晚熟草莓或豆类作物等
	>165	3～10 月中旬，180 天以上	一年两熟特色作物如：水稻-油菜（小麦）、玉米-油菜（小麦）、瓜果（如西瓜等）-晚稻、甘薯-油菜（小麦）及其他特色作物等，其中高程 173 m 以上区域可以通过修建一些小型堤防工程，以提高利用率
土质中缓坡型消落带土地资源的林牧业利用模式	>145～155	6～9 月，120 天	原则上不宜利用，但在立地条件较好的连片地区，可以考虑种植花卉或速生牧草等
	>155～170	5～10 月下旬，150 天以上	可以将沼泽植物或者草本的禾本科、蓼科、莎草科等作为动物饲料，可以将豆科植物或黑麦草等作为鱼类饵料
	>170～175	1～10 月下旬，270 天以上	可以种植落羽杉、池杉、水杉、枫杨、意杨、垂柳等耐淹、根系发达的植物作为护岸护滩林，如高程 173 m 以上地带，还可以采用乔灌草湿地相结合模式，种植马桑（*Coriaria nepalenss*）、乌柳（*Salix cheilophila*）、芭茅、芦菁等
裸露基岩型或者峡谷型消落带植被的自然封育与人工促进模式	>145～175	—	立地条件较恶劣，以自然封育为主。如在城镇或风景区附近可以采取人工复绿措施。植被应考虑本地固土能力强、耐渍的乡土草种，如狗牙根、空心莲子草、狗尾草等、小白酒草（*Conyza canadensis*）等
城镇地域消落带的工程处理与景观建设模式	>145～175	—	应通过工程护坡措施并开展植树造林以提升风景区和重点城镇地段消落带的护坡和绿化美化效果，绿化树种选择上应以观赏性较高、根系发达、护坡和抗污滞尘能力较强的乡土树种为主，如：樟树、细叶榕、女贞（*Ligustrum lucidum*）、黄葛树、银杏（*Ginkgo biloba*）、桉树、夹竹桃、黄花槐（*Sophora xanthantha*）、棕榈（*Trachycarpus fortunei*）、广玉兰、桂花、鹅掌楸等

6.3　三峡库区典型消落带土地利用评价

6.3.1　典型区土地利用解译

1. 研究区概况

经考察比选，选取重庆市忠县作为三峡库区消落带典型研究区开展土地利用技术研究。

1）自然地理条件

忠县地处东经 107°32′～108°14′、北纬 30°03′～30°35′，位于三峡库区腹心地带，辖区面积 2 187.08 km²。东邻万州区、石柱土家族自治县，南连丰都县，西接垫江县，北临梁平区。长江由西南至东北横贯忠县，流程 88 km。

忠县全县 70%的地区海拔位于 300～600 m。最低点海拔 117.5 m 为石宝寨庙岭村向家坝，最高点海拔 1 127.7 m 为望水乡谭家寨。忠县属典型的丘陵地貌，地质岩层以侏罗纪蓬莱组砂页岩为主，土壤类型以水稻土、紫色土、潮土、红壤等为主。境内系深丘浅丘夹山脉地貌从东南至西北依次由忠州、拔山两个向斜和方斗山、猫耳山和金华山 3 个背斜构成，呈"三山两槽"地形。

忠县境内降雨量丰富，地处暖湿亚热带东南季风区。四季分明，日照充足，气候垂直差异较大，年降雨量 1 267 mm，年均温 18.2℃，相对湿度 81%。日照时数 1 327.5 h，日照率 29%，太阳总辐射能 83.7 kcal/cm²。据不完全统计，忠县有高等植物 1 000 种以上，已定名的有 716 种，隶属 161 科 427 属。

忠县境内有溪河 28 条，均属长江水系，从长江北岸汇入的有 10 条，南岸汇入的有 11 条，其中流域面积大于 50 km² 的有 8 条。最大的溪河是黄金河，其次是汝溪河。

2）社会经济概况

忠县下辖 29 个乡镇街道，324 个行政村。到 2018 年末，忠县户籍人口达 102 万人。全年人口出生率为 9.4‰，死亡率 8.6‰，人口自然增长率为 0.8‰。忠县以汉族为主，有土家族、回族、苗族等少数民族。

2018 年，忠县实现地区生产总值 307.95 亿元，第一产业实现增加值 41.89 亿元，增长 5.4%；第二产业实现增加值 139.87 亿元，增长 12.0%；第三产业实现增加值 126.19 亿元，增长 9.0%。三次产业结构比为 13.6:45.4:41.0。

3）忠县消落带概况

三峡库区消落带在忠县境内面积约 32.02 km²，占三峡库区消落带总面积的 9.23%。库岸线长 496.81 km，其中干流库岸线长 88 km，干流消落带面积约占 40%；溪河库岸线长 408.81 km，溪河消落带面积占 60%，忠县消落带主要分布在涂井乡、石宝镇、洋渡镇、任家镇、乌杨镇、新生镇、复兴镇、东溪镇及忠州镇 9 个乡镇。

忠县消落带主要母岩为紫色贝岩和砂岩，地带性植被为亚热带常绿阔叶林，但通过多次的季节性水淹影响后，其植被单一，乔灌木已不复存在，只分布少量的一年生草本植物，如狗尾草、马唐、苍耳、稗草等（王强 等，2011b）。忠县消落带大部分处于高程 145～175 m 区域，属于典型农村消落带，淹水前为梯田，长期用于农业耕种，邻近村落。高程 180 m 以上区域有农田和果园，主要作物有玉米、红薯等常见蔬菜，以及柑橘。与其他消落带相比，忠县消落带具有以下特点：一是受农业面源污染影响严重；二是由于乔木种植密度过大，部分人工种植的乔木已死亡，林下草本植物生长受限，生态系统稳定性存在隐患。

2. 土地利用解译

1）数据基础

基于 LocaSpace Viewer 地图下载器，下载 Google Earth 影像、天地图影像、微软影像、腾讯影像等多家影像数据，以及 Google Earth 地形数据。高空间分辨率卫星影像主要用于地类解译；地形数据则主要用于消落带坡度与高程分析。

三峡水库每年 4 月、5 月开始放水以降低水位，在汛期到来前逐渐将水位放至 145 m 的汛期水位，度过汛期后，每年的 9 月底左右开始蓄水，使三峡水位蓄至 175 m 的非汛期水位。研究为获取最近年份最大面积的消落带落分布区数据，在数据下载时像时遵循两个原则：①优先选择 6 月及相邻月份数据；②优先选择最近年份影像。

下载的忠县消落带遥感影像数据如图 6.1 所示，月际方面主要以 6 月为主，辅助少部分 5 月、4 月数据；年际方面主要以 2019 年、2017 年、2016 年数据为主，基本满足获取消落带落干区最近年份最大面积的要求。

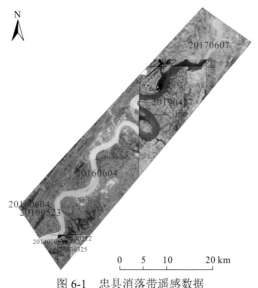

图 6-1　忠县消落带遥感数据

2）分类标准与方法

消落带土地覆被类型分类标准主要借鉴以下三类标准：自然资源部《第三次全国土地调查土地工作分类》（2017 年）、地理国情普查内容与指标（2013）与生态环境部岸边带解译类型分类（2017）。

为全面获取地理国情信息，细化和完善全国土地利用基础数据，掌握翔实准确的全国土地利用现状和土地资源变化情况，我国于 2013～2019 年先后开展三次全国土地调查。其中 2013～2015 年开展的第一次全国地理国情普查工作依据从属关系将地理国情普查内容分类分为 3 级类：12 个一级类，58 个二级类，133 个三级类。2017～2019 年开展的第三次全国土地调查，将土地利用现状分类为一级类 12 类，二级类 72 类。

生态环境部岸边带解译类型分类是为了响应长江大保护的需求，监测长江沿岸土地利用变化而制定的规范，共涉及 12 个一级类，36 个二级类。

根据忠县的土地利用、土地覆盖特征，在综合考虑以上土地分类规范的基础上，结合消落带的土地覆被类型的特征，确定土地分类标准涉及 6 大类，15 小类。六大类明细如下。

（1）草地。草地指以天然生长或半人工培育的草本植物为主覆盖的地表，包括以牧为主、树木覆盖度在 10%以下的疏林草地和灌丛草地。忠县消落带地区植被类型单一，主要为草地，占比面积高达 57%，可以作为消落带的基质，是重要的生产资源，同时在很大程度上起着涵养水源和保护土壤的重要作用。

（2）建设用地。建设用地指城乡居民点、独立居民点及居民点以外的工矿、国防、名胜古迹等企事业单位用地，包括其内部交通、绿化用地。忠县消落带建设用地主要为农村居民用地，以农业生产用地为主，包括渠道和道路用地，各级固定排灌渠道和道路，晒谷场、仓库、电力排灌站等。

（3）耕地。耕地指种植农作物的土地，可以细分为水田、旱地与园地，包括熟地；新开发、复垦、整理地；轮歇地、休耕地等休闲地；以种植蔬菜农作物为主，间有零星果树、桑树或其他树木的土地；平均每年能保证收获一季的已垦滩地等。

（4）林地。林地指生长乔木、竹类、灌木的土地，及沿海生长红树林的土地；包括迹地，不包括居民点内部的绿化林木用地，铁路、公路征地范围内的林木，以及河流、沟渠的护堤林。忠县消落带的林地主要包括乔木林地、灌木林地。乔木林地指以具有高大明显主干的非攀缘性多年生木本植物为主体（乔木树冠覆盖面积占 65%以上）构成的片林或林带，高度一般大于 5 m。其中，乔木林带行数应在两行以上且行距≤4 m 或林冠冠幅垂直投影宽度在 10 m 以上，树木郁闭度大于 0.2。灌木林地指以生长低矮的多年生灌木型木本植物为主体（灌木树冠覆盖面积占 65%以上）构成的植被，覆盖度大于 30%，高度一般低于 5 m。

（5）水域。水域指陆地水域、海涂、沟渠、水工建筑物等用地，不包括滞洪区和已垦滩涂中的耕地、园地、林地、居民点、道路等用地。忠县消落带的水域主要指人工开挖或天然形成的蓄水量<10 万 m³ 的坑塘常水位岸线所围成的水面。需要说明的是消落带的水域面积随着时间的变化而改变。坑塘水库的面积非常小，主要分布在支流附近高

程较高（>165～175 m）区域，靠近耕地或林地。

（6）未利用地。未利用地指农用地和建设用地以外的土地，主要包括荒草地、盐碱地、沼泽地、沙地、裸土地、裸岩等。忠县消落带的未利用地包括裸地和滩涂。

解译方法：采用目视解译法。目视解译是遥感成像的逆过程又称目视判译或目视判读，是遥感图像解译的一种，是指依靠解译者的知识、经验和掌握的相关资料，通过直接观察或借助辅助判读仪器在遥感图像上提取遥感图像中有用的信息的过程。

3. 土地利用结果与分析

1）分类结果

依据以上解译方法，得到如下解译结果如图 6-2、图 6-3 所示。

忠县消落带草地主要包括稀疏草地（覆盖度 10%～20%）和茂密草地（覆盖度 >20%），其中 80%的草地为茂密草地，此类草地植被茂盛、牧业利用条件较好。茂密草地主要以条带状分布在高程较低、距河流较近的河岸，条带宽度从 50～400 m 不等。

建设用地占总面积的 5%，主要分布在高程相对较高（高程>165～175 m）的消落带最外圈，坡度多在 25°以下，呈条带状或块状分布在耕地周围。农村居民点多呈点状或条带状镶嵌在耕地中。此部分区域中人口密度较大，是人类活动集中区，固废、液废较多，污染严重，是生态环境治理的重点地带。

旱地与水田约共占忠县消落带面积的 6%，主要分布在高程>155～175 m 区域，其中大部分耕地在高程 165 m 以上，坡度多在 15°以下。但农业开发过程所带来的生态环境问题较为突出，极易产生水土流失、崩塌等自然灾害，从而导致大量泥沙、氮、磷等进入水体，影响水质安全。

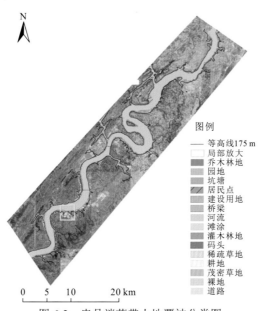

图 6-2　忠县消落带土地覆被分类图

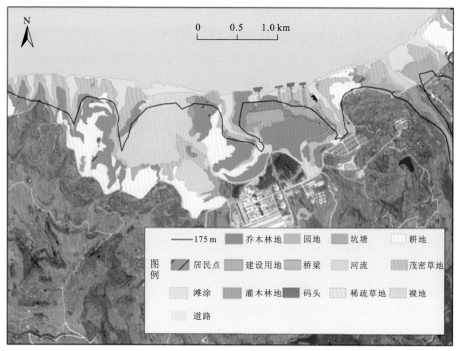

图 6-3　忠县消落带土地覆被分类局部放大图

忠县消落带园地较少，仅占总面积的 1%，主要分布在高程 >165～175 m、坡度 0～15°区域，距耕地和农村居民点较近。

忠县消落带的林地面积较大，占总面积的 17%，主要为高大的乔木林地，占总林地面积的 80%。林地主要分布在高程 >165～175 m 区域。其主要作用有保持水土、防风固沙等，是消落带不可或缺的土地利用类型。忠县消落带具体土地利用类型详细统计表见表 6-3。

表 6-3　忠县高程 >145～175 m 区域消落带土地利用类型详细统计表

类型	面积/hm^2	占比/%
草地	1 246.04	53
建设用地	156.40	7
耕地	210.81	9
林地	377.43	16
坑塘水库	7.02	0
未利用地	355.76	15
合计	2 353.46	100

2）坡度分级与高程分带

将忠县消落带按坡度和高程分级，解译不同利用类型的土地随高程和坡度的分布状况。其中：坡度依据 0°～5°、>5°～8°、>8°～15°、>15°～25°、>25° 对消落带进行分级。高程在三峡水库最低蓄水位 145 m 和最高蓄水位 175 m 间，按 10 m 为间隔，分为>145～155 m、>155～165 m、>165～175 m 三个高程带。

解译结果的坡度分级、高程分带结果如图 6-4、图 6-5 所示。

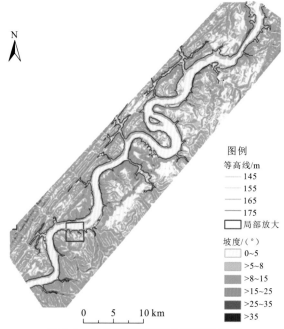

图 6-4　忠县消落带坡度与高程分级图

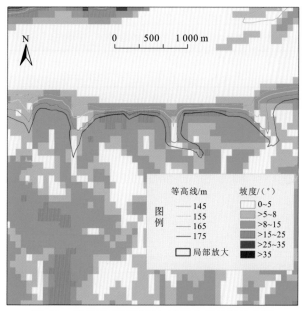

图 6-5　忠县消落带坡度与高程分级局部放大图

坡度分级、高程分类结果统计分析表见表 6-4～表 6-6。

表 6-4　忠县消落带农用地分类统计表

高程/m	坡度/（°）	旱地/hm²	园地/hm²	坑塘/hm²	稀疏草地/hm²	茂密草地/hm²	灌木林地/hm²	乔木林地/hm²
>145～155	0～5	1.36	0.19	0.37	3.75	77.00	0.34	3.21
	>5～8	1.88	0.13	0.08	4.43	56.60	0.23	3.98
	>8～15	9.05	1.09	0.30	18.85	109.53	1.78	15.74
	>15～25	1.75	0.19	0.00	10.88	23.53	1.14	18.09
	>25	0.00	0.00	0.00	1.32	0.09	0.00	2.63
>155～165	0～5	13.96	4.27	1.51	9.39	128.87	2.83	11.15
	>5～8	10.43	5.63	0.56	10.52	124.03	4.14	24.28
	>8～15	27.29	0.00	0.10	40.07	147.32	6.90	45.40
	>15～25	1.93	0.31	0.08	13.03	28.07	1.28	27.41
	>25	0.45	0.00	0.00	0.88	0.61	0.32	5.04
>165～175	0～5	35.18	8.58	0.45	14.15	75.86	7.97	19.58
	>5～8	28.29	9.80	1.94	17.14	109.61	9.64	35.70
	>8～15	31.07	12.86	1.38	28.51	133.31	13.09	69.32
	>15～25	3.52	1.41	0.25	14.77	41.60	2.93	31.80
	>25	0.19	0.00	0.00	1.50	0.82	0.63	10.88
总计	—	166.35	44.46	7.02	189.19	1 056.85	53.22	324.21

表 6-5　忠县消落带未利用地统计表

高程/m	坡度/（°）	滩涂/hm²	裸地/hm²
>145～155	0～5	38.43	2.57
	>5～8	27.27	5.54
	>8～15	31.66	10.28
	>15～25	10.91	0.78
	>25	0.61	0.00
>155～165	0～5	25.93	7.71
	>5～8	24.77	11.90
	>8～15	27.05	17.90

续表

高程/m	坡度/ (°)	滩涂/hm2	裸地/hm2
>155~165	>15~25	11.78	5.07
	>25	0.78	0.00
>165~175	0~5	6.34	9.07
	>5~8	13.98	9.77
	>8~15	15.18	20.36
	>15~25	11.81	7.25
	>25	0.46	0.60
总计	—	246.96	108.80

表 6-6　忠县消落带建设用地统计表

高程/m	坡度/ (°)	建设用地/hm²	居民点/hm²	道路/hm²	桥梁/hm²	码头/hm²
>145~155	0~5	3.77	0.00	1.10	0.12	0.00
	>5~8	3.01	0.15	1.29	0.17	0.16
	>8~15	6.85	0.65	1.06	0.49	2.47
	>15~25	1.36	0.29	0.34	0.18	0.65
	>25	0.00	0.00	0.00	0.00	0.00
>155~165	0~5	9.20	1.92	1.78	0.05	0.02
	>5~8	5.36	1.19	2.68	0.18	0.41
	>8~15	14.40	6.00	4.41	0.47	0.69
	>15~25	0.68	1.95	1.52	0.00	0.29
	>25	0.05	0.00	0.12	0.00	0.00
>165~175	0~5	11.68	4.60	2.69	0.02	0.09
	>5~8	10.64	5.96	3.87	0.02	0.00
	>8~15	11.83	14.11	7.82	0.18	0.05
	>15~25	1.26	1.16	1.93	0.00	0.19
	>25	0.09	0.09	0.64	0.00	0.00
总计	—	80.18	38.07	31.25	1.88	5.02

由表 6-4～表 6-6 统计可知，忠县消落带总面积 2 353.46 hm²，按照土地利用类型分析，农用地面积 1 841.3 hm²，占总面积的 78.24%；未利用地面积 355.76 hm²，占面积的 15.12%；建设用地总面积 156.40 hm²，占总面积的 6.64%。按高程分析，高程>145～155 m 区域面积 521.67 hm²，占总面积的 22.17%；高程>155～165 m 区域面积 884.32 hm²，占总面积的 37.58%；高程>165～175 m 区域面积 947.47 hm²，占总面积的 40.26%。按坡度分级分析，坡度 0～5°区域 547.06 hm²，占总面积的 23.24%；坡度>5°～8°区域面积 587.36 hm²，占总面积的 24.96%；坡度>8°～15°区域面积 906.87 hm²，占总面积的 38.53%；坡度>15°～25°区域面积 283.37 hm²，占总面积的 12.04%；坡度>25°区域面积 28.80 hm²，占总面积的 1.22%。

综上分析，忠县消落带土地利用类型以自然地类为主，其中农用地最多，其次为未利用地。高程>165～175 m 区域面积最大，其次为高程>155～165 m 区域。坡度带以缓坡为主，其中坡度>8°～15°区域面积最大，其次为坡度>5°～8°区域与坡度 0～5°区域。

6.3.2　典型区消落带土地资源利用现状

对忠县消落带土地利用现状展开调研，其现有土地利用措施主要包括工程措施和生态利用措施。

1. 工程措施

忠县正在建设环城消落带水生态综合治理工程项目，主要包括渗井河生态调节坝和忠县县城北岸环城生态治理堤防工程。项目建成后，忠县县城将成为三峡库区唯一一座具有山水园林、桥岛特色的岛城，城区建设范围可扩大至黄金镇。

位于忠县境内的石宝寨景区紧邻石宝场镇，针对库岸陡峭、岩石裸露，存在地质滑坡隐患区域，当地持续加大库岸和消落带整治力度，以工程+生态措施相结合方式，开展综合治理，改善消落带生态环境，保证城镇居民居住安全。在植被修复的同时，石宝镇还采取了取缔辖区的非法码头、关闭养殖场、组织渔船上岸、组织捡拾垃圾等措施，形成对消落带常态化保护机制，通过多年的努力，消落带生态环境明显改善，人民的幸福感得到了提高。如今，石宝镇至汝溪口消落带治理取得初步成效，已形成了"柳树成荫""沧海桑田""水草丰美""荷花飘香"等景观优美的消落带治理模式，示范面积 1 000 余亩。相关治理模式取得了良好的社会、经济与生态效益，不但美化了库区，保护了库岸土壤，还促进了当地生态畜牧和渔业的发展。目前，由中国科学院在石宝寨景区开展的水土流失与面源污染控制试验技术已在四川省达州市、南充市使用，消落带治理技术已在忠县石宝镇沿江其他区域实施。

2. 生态利用措施

现有生态利用措施主要包括草地利用、林业利用与综合利用措施（刘晓，2009）。

1）草地利用

草地利用模式是指种植培养以灌草植物为主，并适宜发展畜牧业生产的土地利用模式。草地在忠县消落带面积中占比大，具有特有的生态系统，是一种可更新的自然资源，也是发展草地畜牧业的最基本的生产资料和基地。根据忠县地区的种植习惯及根消落带出水位波动特点，可以在退水露出原属草地的消落带土地上继续发展牧草业并兼顾保土固沙，起到防止水土流失作用。①可以种植杂交苏丹草（*Sorghum sudanense*）、青饲玉米、杂交狼尾草（*Pennisetum alopecuroides*）等一年生牧草，此类牧草春播秋亡，生长期约为 110 天，可在 4 月、5 月消落带出露时期进行种植。②可以种植根系发达，固持土壤功能强的以蓼科、莎草科、禾本科等为主的多年生草甸或沼泽植物。此类植物地上部分在水淹后死亡，成为草食性鱼类的饲料，但地下营养器官仍能存活，在次年退水后萌生新的植株迅速覆盖地面，可以作为牛羊等草食性家畜的饲料。其中以狗牙根、牛鞭草等为代表。

2）林业利用

林业利用模式是根据消落带立地条件特点与树木对生长条件要求，在消落带特定地段开展林业种植，是我国许多大中型水库消落带土地常用利用方式。林业利用模式具有良好的经济收益，同时对保持库岸的稳定性、防治水土流失具有重要的作用。忠县林业的利用主要集中在消落带高程 155 m 以上的区域，主要包括库岸防护林及经济防护林：①库岸防护林。忠县消落带堤岸的土质比较疏松易于崩塌，随着短时间内水位的骤然涨落，岩土水分条件的发生骤变，使原滑坡体复活变形，发生滑坡崩塌的可能性大大增强，水库风浪的冲淘也加重了崩塌的倾向。因此可以在消落带库岸带，结合忠县在建的调节水坝工程营造库岸防护林，以防止因风流冲击而造成的库岸坍塌，并防止来自库岸的泥沙进入水库。②经济防护林。三峡库区完工后，形成的大面积的水域环境，影响到库区小气候的变化，主要表现在湿度相对升高，春冬气温相对升高，夏秋气温相对降低，这对于以柑橘为主的经济类果树种植林的培育是非常有利的。可以将经济类果树种植林与库岸防护性水土保持林相结合，使忠县消落带形成一个生态经济效益较好的三峡库区典型消落带。

3）综合利用

分别在上端、中端、下端根据不同的特点布置植被，下端主要采取保密保护自然生长，如种植狗牙根、苍耳、牛鞭草等植物。三峡水库蓄水至 175 m 后，忠县消落带面积 28 km^2，岸线长度 476.97 km。从 2010 年开始，由中国科学院开展的三峡库区水土流失与面源污染控制试验示范和三峡库区消落带生态恢复与综合整治技术开发及应用研究项目在忠县落地，在忠县消落带不同水位段栽培植水桦、中山杉 671 亩，进行生态修复试点试验，目前已有 4 项技术获国家专利。通过忠县消落带治理，让忠县消落带植被得到恢复，大量的泥沙留在岸上，该段长江水质常年保持在二类及以上。

6.3.3　典型区土地利用适宜性评价

1. 评价指标构建、分级与权重的制定

消落带在维持库岸生态系统平衡方面发挥着重要的作用，同时作为大自然的"肾"，其对污染物具有十分显著的拦截与净化效果。三峡水库采取反季节的夏落冬涨的蓄水模式，在低水位 145 m 与高水位 175 m 水位消涨过程中形成了落差 30 m 的消落带，形成了十分复杂的生态系统。

三峡库区消落带生态系统是由"自然-经济-社会"组成的复合系统。依据综合性和主导性相结合、针对性、因地制宜等土地适宜性评价指标体系构建的一般原则，综合考察研究区土地利用情况及社会、经济与自然条件，结合数据的可得性等因素，选取高程和坡度两个限制性因素，作为评价土地利用现状适宜性的指标。坡度影响地表水力侵蚀强度、风沙作用方式及水热条件再分配。陡坡条件，给改善农业生产条件和日常田间管理带来许多不便。消落带的高程直接影响地表裸露时间、土壤侵蚀强度。高程越低，地表裸露时间越短，土壤养分流失越严重，越不利于农业生产。高程>145～155 m 这部分地区地面裸露时间较短，土壤侵蚀强度较高，适宜种植湿地草本植物。高程>155～165 m 区域出露期较长、土质较好可以种植湿地森林等植被。高程>165～175 m 区域，地表裸露时间长，光热水资源组合条件较好，复种指数高，可以开展适度农业生产。

根据已确认各评价指标对于农、林、草三种土地用途的影响和限制强度及变幅，结合前期研究与专家咨询，确定分级等级及临界值（表 6-7），以用于评价土地生产能力和发展潜力。数值范围为 0～100，值越小，表示适宜性越弱，限制因素越大。

表 6-7　不同利用方式对各限制因素的适宜性评价

指标	分级	量化值		
		农	林	草
坡度/(°)	0～5	100	100	100
	>5～8	90	95	100
	>8～15	75	95	100
坡度/(°)	>15～25	50	75	100
	>25～35	0	55	100

续表

指标	分级	量化值		
		农	林	草
	>145~155	30	50	100
高程/m	>155~165	70	85	100
	>165~175	100	100	100

考虑到不同指标在评价体系中对土地适宜性的影响大小不同,采用层次分析法从土地生产力出发来确定评价指标的权重(表6-8)。

表 6-8　限制性因素权重确定

土地利用类型	坡度/(°)	高程/m
农	0.318 4	0.681 6
林	0.509 3	0.490 7
草	0.402 8	0.597 2

采用综合指数法进行土地利用适宜性评价,其公式为

$$S = \sum_{i=1}^{n} W_i \times U_{ij} \tag{6-1}$$

式中:S 为各评价单元的适宜性得分;W_i 为第 i 个评价指标的权重值;n 为评价指标的个数;U_{ij} 为第 i 个评价指标第 j 个等级的得分。依据忠县实际情况,将宜农、宜林、宜草的适宜性等级划分为四个等级,具体见表6-9。

表 6-9　宜农、宜林、宜草适宜等级分值

适宜类	最适宜	中等适宜	勉强适宜	不适宜
宜农	>85~100	>75~85	>65~75	0~65
宜林	>85~100	>75~85	>65~75	0~65
宜草	>85~100	>75~85	>65~75	0~65

2. 土地利用适宜性评价结果

土地资源具有多宜性,因此首先进行土地的宜农、宜林及宜草程度的单宜性评价,随后根据研究区生态保护、农业发展和土地生产力的实际情况等要求,按照农、林、草顺序优先选择,最终确定研究区的宜草、宜林、中度宜农和高度宜农分布范围,结果如图6-6所示。其中,高度宜农区为农业单宜性评价分值在>85~100 的区域,中度宜农区为农业单宜性评价分值在>75~85 的区域。

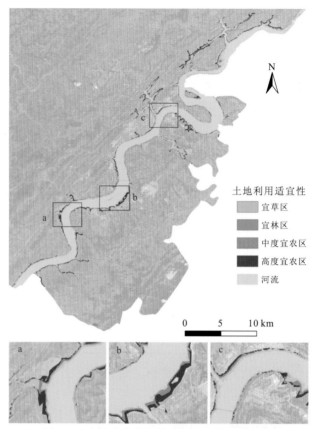

图 6-6 忠县消落带土地利用适宜性评价结果

根据表 6-10 与图 6-6 所示,高度宜农地的土地面积有 5.843 5 km²,占忠县消落带面积的 24.83%,这部分土地主要分布在消落带边缘区域,呈现"南岸多,北岸少"的趋势,这部分土地分布在地势上最为平坦,地表裸露时间最长,是区域内土壤水肥条件最好、高产稳产的地段。

表 6-10 忠县消落带不同土地利用适宜性区域面积

分类	高程>145~175 m		高程>145~155 m		高程>155~165 m		高程>165~175 m	
	面积/km²	占比/%	面积/km²	占比/%	面积/km²	占比/%	面积/km²	占比/%
高度宜农区	5.843 5	24.83	0.170 4	2.31	0.735 0	8.73	4.938 1	63.85
中度宜农区	5.517 7	23.44	0.350 5	4.75	3.897 7	46.28	1.269 5	16.41
宜林区	2.829 2	12.02	0.415 9	5.64	1.965 1	23.33	0.448 2	5.80
宜草区	9.344 2	39.71	6.442 3	87.30	1.824 0	21.66	1.077 8	13.94

中度宜农区土地面积为 5.517 7 km²,占忠县消落带面积的 23.44%,空间分布上主要由高度宜农区向长江河岸内侧延伸,也主要集中分布在高程较高、坡度较为平缓的区域。

该地段生产潜力较大，土地利用主要受消落带裸露时间限制。

宜林区面积为 2.829 2 km²，所占比例最小，仅占忠县消落带面积的 12.02%，这部分土地质量较好，是可以作为发展经济林的主要用地。但由于坡度较缓、土壤侵蚀不严重等原因，这部分土地实际利用方式多为耕地。

宜草区土地面积为 9.344 2 km²，占忠县消落带面积的 39.71%，是忠县消落带占比最大的区域，这部分土地多为长江沿岸区域，海拔较低，地区经常被水冲刷，土壤侵蚀较为强烈，且易受汛期洪水短期淹没，地表裸露时间较短，不适宜农、林业的发展。

6.4　三峡库区消落带土地利用与生态系统服务价值

6.4.1　三峡库区消落带生态系统结构

三峡库区消落带生态系统结构是一个与外界有着广泛关系的非线性开放系统，它在自然干扰和人为干扰的双重影响下，不断发生着结构上的演替和变化，表现出自发的、具有不可逆性的演化特征（卢德彬，2012）。

1. 组分结构

三峡库区消落带生态系统组分结构是指生态系统中由不同生物类型或品种及它们之间不同的数组合关系所构成的系统结构。因此，"数"指三峡库区消落带生态系统中各生物群落，而"量"则指各生物群落的量比关系，不同物种（或类群）及它们之间不同的量比关系，构成生态系统的基本特征。同时，各生物群落类型的变化直接影响着三峡库区消落带生态系统的变化趋势。因此，组分结构是三峡库区消落带生态系统结构协调有序的直接体现者和反映者。

2. 空间分布结构

三峡库区消落带生态系统空间分布结构具有明显的垂直空间和地域分异特点。其中垂直空间是指在水域与第一道山脊线之间根据生态系统和海拔从上到下将其分为库岸带、消落带、水域几层。地域分异是指三峡库区消落带在湖北省和重庆市境内，根据不同地区景观和地质貌差异导致的消落带类型和面积分布差异。如重庆市地区面积较大的忠县、云阳县和涪陵区在重庆市消落带面积占比分别为 15.9%、15.7% 和 14%。在消落带类型中中缓坡坡积土型消落带、峡谷陡坡薄层土型消落带和开阔河段缓坡平坝型消落带占比较大。

3. 时间动态结构

三峡水库蓄水后，三峡库区消落带的生态系统结构随时间推移发生周期性动态变化，这一变化状况体现了三峡库区消带生态系统的时间动态结构，即消落时变系统。周期性动态变化受三峡库区运行水位周期性波动影响，三峡库区水位波动规律为每年汛期库区水位为防洪限制水位 145 m，随后于 10 月蓄至 175 m，随后逐渐降低，于 1~4 月达到供水期水位 156 m 左右，最后回到防洪限制水位 145 m。这一水位波动规律也是对三峡库区消落带生态系统进行最优控制的基本依据。

6.4.2　三峡库区消落带生态系统服务功能

消落带生态系统服务功能是消落带生态系统结构的外部表现，是指生态系统整体在其内外部的联系中表现出的作用和能力。三峡库区消落带生态系统相互交错的复系统由水生生态系统和陆地生态系统共同构成。因此与单一湿地生态系统相比，其生态系统具有多样性、显著性和特殊性。根据三峡库区消落带生态系统服务功能的特点，可将其分为保护型功能和生产型功能。

1. 保护型功能

保护型功能为主的生态系统可通过水源涵养、养分循环、土壤保育、废物处理、保持生物种类和气候调节等多样性具体行为达到对自身生态环境的平衡调节和对生命系统的维持。三峡库区消落带生态系统可发挥泥沙和营养物质的拦蓄功能，即在高程 175 m 至第一层山脊线区域建立绿色植物生态屏障、在高程>170~175 m 库岸沿线种植根系发达的植物，以防护加固库岸，防止地表径流冲刷库岸，并有效地拦蓄径流泥沙及其携带的农药、化肥、有机物等污染进入水库，保持有效库容。另外，湿地生态系统净化降解污染物的功能能维持整个湿地生态系统运转平衡。

2. 生产型功能

生产型功能主要指农业、渔业或工业开发利用，涉及到区域内居民从三峡库区消落带生态系统获取的收益，具体表现为社会功能和经济功能。

1）经济功能

三峡库区消落带生态系统具有显著的经济功能。首先，三峡库区人口众多，三峡库区消落带内耕地和林地范围广，且土壤肥沃、热量丰富、降水充足、光照条件好，具有较好的农业和林业利用条件。其次，绝大多数库区、库湾水质良好，溶解氧高，具有较好的渔业条件，是渔业生产的重要场所，可进行限制性拦网养鱼与网箱养鱼。此外，三峡库区是我国最重要的人工湿地，易开展与发展湿地生态旅游和湿地农业观光旅游，三峡大坝及其附属建筑也是特殊的人文景观，具有较高的观光旅游价值。最后，三峡库区沿线是城镇分布密集的地区，在万州区、涪陵区、长寿区、重庆主城区等地区均有重要的工业基地，各种工业所带来的经济效益也是三峡库区经济收益的重要部分。

2）社会功能

一方面，三峡库区消落带生态系统作为我国人工湿地生态系统建设的典型，其地质地貌、人工湿地、人类文化遗产、珍稀动植物、生态农业及生态环境建设等都具有很强的教育科研考察价值。另一方面，三峡库区一些湖盆、支流河口和库湾可以开展水产生态化、清洁养殖等开发利用，对缓解三峡库区土地资源紧张、就业不足、产业空虚化等社会问题具有重要意义。

6.4.3　生态服务价值系数修正与价值计算

因消落带受到蓄水调节的影响，全年中消落带都是水陆两种生态系统相互交替，因此，增加了水域影响天数。

$$ESV = \sum_{i=1}^{n} A_i \times C_i \times K_i + A_i \times L[(365 - t_i)/365]　\text{（6-2）}$$

式中：ESV 为生态系统服务功能总价值；A_i 为土地利用类型的分布面积（hm²）；C_i 为该类型土地单位面积的生态系统服务功能价值系数（元/hm²）；L 为水域的生态服务功能价值系数（元/hm²）；K_i 为第 i 种生态系统有效系数，有效系数 $K_i = t_i/365$，t_i 为第 i 种生态系统作用天数。

消落带生态系统上部：高程 > 165～175 m 地带，成陆时期是 2～10 月，出露的天数最长，约 270 天；消落带生态系统中部：高程 > 155～165 m 地带，成陆时期是 5～10 月，出露的天数约 180 天；消落带生态系统下部：高程 > 145～155 m 地带，成陆时期是 6～9 月，出露的天数约 120 天。不同土地利用类型生态系统服务价值系数与生态系统服务价值见表 6-11 与表 6-12。

表 6-11　忠县消落带土地利用类型的生态系统服务价值系数　［单位：元/（hm²·a）］

一级类型	二级类型	耕地	林地	草地	湿地	水域	建设用地	难利用地
供给服务	食物生产	815.40	267.71	348.86	418.56	429.98	0.00	13.95
	原材料生产	316.40	2 417.60	292.07	97.66	283.95	0.00	0.00
调节服务	气体调节	584.12	3 504.69	1 216.91	2 511.33	413.75	0.00	0.00
	气候调节	786.94	3 301.88	1 265.58	23 857.65	1 671.23	0.00	0.00
	水文调节	624.69	3 318.10	1 233.14	21 625.36	15 227.57	-6 125.11	41.86
支持服务	废物处理	1 127.66	1 395.40	1 070.87	25 364.45	11 804.00	-1 995.73	13.95
	土壤保持	1 192.57	3 261.31	1 817.24	2 385.77	332.62	0.00	27.90
	生物多样性	827.50	3 658.84	1 517.08	3 487.96	2 782.66	0.00	474.36
文化服务	美学价值	137.92	1 687.45	705.82	7 743.27	3 602.05	0.00	13.95
	合计	6 413.20	22 812.98	9 467.57	87 492.01	36 547.81	-8 120.84	585.97

表 6-12　忠县消落带土地利用类型的生态系统服务价值

高程/m	耕地/万元	林地/万元	草地/万元	湿地/万元	建设用地/万元	未利用地/万元
>145～155	13.44	35.12	761.02	2.55	29.09	360.57
>155～165	80.11	241.06	1 370.93	16.28	54.24	324.98
>165～175	183.41	725.99	960.79	52.74	23.93	119.02
合计	276.96	1 002.17	3 092.74	71.57	107.26	804.57

6.4.4　不同土地组合模式下生态服务价值

在三峡库区消落带内，将耕地、湿地、林地和草地在三峡库区消落带垂直结构中自由组合，可以分为 4 大类 21 种小类，具体分类见表 6-13～表 6-16，不同组合生态系统服务价值见表 6-17。

表 6-13　上部耕地，中下部湿地或草地组合

类别	I_1	I_2	I_3	I_4
上部	耕地	耕地	耕地	耕地
中部	湿地	湿地	草地	草地
下部	草地	湿地	湿地	草地

表 6-14　上部林地，中下部湿地、耕地或草地组合

类别	II_1	II_2	II_3	II_4	II_5	II_6	II_7	II_8	II_9
上部	林地	林地	林地	林地	林地	林地	林地	林地	林地
中部	湿地	湿地	湿地	耕地	耕地	耕地	草地	草地	草地
下部	湿地	耕地	草地	湿地	耕地	草地	湿地	耕地	草地

表 6-15　上部草地，中下部湿地或耕地组合

类别	III_1	III_2	III_3	III_4
上部	草地	草地	草地	草地
中部	湿地	湿地	耕地	耕地
下部	耕地	湿地	湿地	耕地

表 6-16　上部湿地，中下部草地或耕地组合

类别	IV_1	IV_2	IV_3	IV_4
上部	湿地	湿地	湿地	湿地
中部	草地	草地	耕地	耕地
下部	草地	耕地	草地	耕地

表 6-17　不同土地组合模式生态系统服务功能价值　　　　（单位：万元）

模式	生态服务价值	模式	生态服务价值	模式	生态服务价值
I_1	264.59	II_4	243.29	III_2	250.73
I_2	268.14	II_5	241.07	III_3	212.83
I_3	205.93	II_6	247.64	II_4	210.76
I_4	204.38	II_7	233.29	IV_1	303.67
II_1	265.49	II_8	275.47	IV_2	303.61
II_2	269.12	II_9	245.26	IV_3	305.84
II_3	249.83	III_1	248.43	IV_4	305.90

上部湿地，中下部草地或耕地组合生态服务功能价值都较高，达到 300 万元以上；上部林地、中部湿地、下部湿地或者耕地与上部耕地、中部湿地、下部草地或者湿地的生态服务功能价值也较高，达 260 万元以上。

6.4.5　土地利用结构合理性分析

某一区域在一定时段内各种土地利用结构类型的动态变化及其转换程度可以用土地利用结构信息熵表示。区域土地利用结构的合理与否，关系着土地利用系统是否最大化的问题。选取反映消落带土地利用结构特征的主要因素，结合模糊综合评判法，综合评价消落带土地利用结构的合理性。

1. 消落带土地利用结构评价因素

选取土地利用结构信息熵（X_1）、土地利用率（X_2）、耕地比重（X_3）、草地比重（X_4）、林地比重（X_5）、建设用地比重（X_6）、水域比重（X_7）7 个因素。

2. 权系数的确定

根据表 6-18 确定权系数。

表 6-18　主成分分析测算表

主成分	特征值	贡献率/%	累计贡献率/%	特征向量						
				X_1	X_2	X_3	X_4	X_5	X_6	X_7
F1	3.195	58.273	60.724	0.194	0.471	-0.431	0.497	-0.295	0.368	0.449
F2	1.670	29.343	88.516	0.513	0.058	-0.284	0.406	0.623	0.266	0.108

3. 评价隶属函数

定义消落带土地利用结构的合理性有 5 个评价模糊集 **A**="高"、**B**="较高"、**C**="中"、**D**="较低"、**E**="低"。分别赋予 10、8、6、4、2 来建立隶属函数。

$$V_A = \begin{cases} 0, & X \leq 8 \\ 1/2(X-8), & 8 < X < 10 \\ 1, & X \geq 10 \end{cases}$$

$$V_B = \begin{cases} 0, & X \leq 6; X \geq 10 \\ 1/2(X-6), & 2 < X < 4 \\ 1/2(10-X), & 8 < X < 10 \end{cases}$$

$$V_C = \begin{cases} 0, & X \leq 4; X \geq 8 \\ 1/2(X-4), & 4 < X \leq 6 \\ 1/2(8-X), & 6 < X < 8 \end{cases}$$

$$V_D = \begin{cases} 0, & X \leq 2; X \geq 6 \\ 1/2(X-4), & 2 < X \leq 4 \\ 1/2(8-X), & 4 < X < 6 \end{cases}$$

$$V_E = \begin{cases} 0, & X \geq 4 \\ 1/2(4-X), & 2 < X < 4 \\ 0, & X \leq 2 \end{cases}$$

4. 消落带土地利用结构模糊综合评价

土地利用结构信息熵模型模拟计算表明（表 6-19），无论是湿地保护利用模式还是综合利用模式、耕地利用模式、林地利用模式，三峡库区消落带土地利用结构合理性等级都为中等偏下，高等级的合理性结构很难实现。而相对来说，综合利用模式比较合理。

表 6-19　模糊综合评价结果表

土地利用模式	高	较高	中	较低	低
综合利用模式	0	0	0.684 7	0.367 4	0.351 4
湿地保护利用模式	0	0.142 5	0.601 5	0	0.298 8
耕地利用模式	0	0	0.019 3	0.804 9	0.145 6
林地利用模式	0	0	0	0.651 7	0.385 4

6.5　本章小结

本章通过资料分析结合调研研究总结三峡库区消落带土地资源分布特征与土地资

源利用模式。进一步选取典型消落带开展土地利用技术研究，采用综合指数法开展土地利用适宜性评价，并计算不同土地利用模式下的生态系统服务功能总价值以探究土地利用结构合理性。主要研究结论如下。

（1）三峡库区消落带内可供开发利用的土地面积较大，成陆期间消落带出露的土地面积可达 10 773 hm^2，其中，可长期利用（利用期在 270 天左右）的土地面积占 15.5%，可中期利用（利用期在 180 天左右）的土地面积占 48.0%，可短期利用的（利用期在 120 天左右）的土地面积占 36.5%。可根据消落带土地成陆时期、不同高程等因时、因地制宜，选择适宜的消落带土地利用方式。

（2）典型研究区忠县消落带，消落带土地以草、林、耕为主分别占 53%、16% 和 9%，另有 15% 未利用地，其中高程主要集中在 >165～175 m 与 >155～165 m，分别占 40.26%、37.58%，坡度以缓坡为主，>25° 坡度带面积仅占总面的 1.22%。研究区土地利用适宜性评价表明，土地利用适宜性与高程高度相关，低高程区域（>145～155 m）宜草区占比极高达到 87.30%，中等高程区域（>155～165 m）主要分布为中度宜农区（46.28%）、宜林区（23.33%）、宜草区（21.66%），高高程区域（>165～175 m）主要为高度宜农区（63.85%）。

（3）典型研究区土地利用与生态系统服务价值评价结果表明：单一土地利用类型中湿地土地利用生态系统服务价值系数较高；不同土地组合模式下，上部湿地，中下部草地或耕地组合模式具有最高的生态服务功能价值。同时，结合模糊综合评判法，利用土地利用结构信息熵模型模拟计算表明高等级的合理性结构在库区消落带内很难实现，而相对来说，综合利用模式比较合理。

第7章 三峡库区消落带生态恢复与土地利用协同机制

7.1 三峡库区消落带生态变化

7.1.1 三峡水库水位调度

三峡水库水位调度对三峡库区消落带生态系统有重大影响，很大程度上决定着消落带土壤、植被、小气候等环境因子的变化。因此，充分了解三峡水库水位调度情况是三峡库区消落带相关研究的基础。通过对三峡水库2006~2016年度水位调度情况的统计和分析（表7-1），发现从2006年起，三峡水库水位开始逐年上升，2010年后全年水位不再低于水库最低设计水位高程145 m；2008年水位首次超过170 m，2010年首次达到最高设计水位175 m，之后各年度水位调度情况逐渐趋于稳定。稳定后，全年大致规律为：每年10月下旬到次年2月持续保持高水位（>170 m）；之后缓慢下降，4~5月会保持在160~170 m小幅波动；5月后持续下降，约6月中旬降至145 m左右；7月和8月为夏季汛期，水位会出现短期上涨，最高能达到165 m左右；汛期结束后水位重新降至145 m；8月下旬开始蓄水，并在10月下旬重新超过170 m；全年水位高程>170~175 m平均持续时间最长，约115.3天，其次为水位高程>145~150 m，平均持续时间约为69.7天，水位高程>160~165 m和水位高程>165~170 m持续时间也较长，分别52.1天和55.3天，其余水位高程持续时间较短。

表7-1 三峡水库水位调度情况统计 （单位：天）

水位高程/m	2006年	2007年	2009年	2010年	2011年	2012年	2013年	2014年	2015年	2016年
≤145	277	113	3	0	0	0	0	0	0	0
>145~150	5	51	100	62	83	46	71	71	73	82

水位高程/m	2006 年	2007 年	2009 年	2010 年	2011 年	2012 年	2013 年	2014 年	2015 年	2016 年
>150~155	17	99	27	53	41	27	35	34	43	42
>155~160	66	102	31	75	29	45	21	14	17	26
>160~165	0	0	67	50	35	60	73	87	34	26
>165~170	0	0	79	44	56	49	52	49	68	69
>170~171	0	0	40	1	8	7	9	8	44	19
>171~172	0	0	18	1	9	10	12	12	6	10
>172~173	0	0	0	2	7	21	17	22	7	22
>173~174	0	0	0	2	9	33	34	38	19	36
>174~175	0	0	0	75	85	67	41	30	54	33

7.1.2　消落带土壤环境变化

1. 调查点信息

2018 年 6~9 月,对三峡库区消落带的自然生长区和生物治理区的 22 个样点土壤理化性质进行调查。22 个观测样点的高程、坡度、经度和纬度、土地利用方式等信息见表 7-2。

表 7-2　三峡库区消落带各采样点信息

采样点	高程/m	坡度/(°)	纬度	经度	土地利用方式	有无沉积
巴南岛屿高程>165~175 m	166	10	29°21.332′	106°26.786′	原为菜地后撂荒	有
巴南高程>165~175 m	167	28	29°21621′	106°27.229′	撂荒地	有
长寿高程>145~155 m	150	24	29°47.016′	107°5.167′	原为菜地后撂荒	有
长寿高程>155~165 m	159	29	29°47.007′	107°5.160′	原为菜地后撂荒	有
长寿高程>165~175 m	166	20	29°47.001′	107°5.156′	原为菜地后撂荒	无
涪陵高程>145~155 m	148	20	29°44.531′	107°19.771′	原为柑橘地后撂荒	有
涪陵高程>155~165 m	158	32	29°44.537′	107°19.783′	原为柑橘地后撂荒	有
涪陵高程>165~175 m	170	30	29°44.541′	107°19.791′	原为柑橘地后撂荒	无
丰都高程>145~155 m	149	20	29°59.089′	107°50.118′	原为菜地后撂荒	有
丰都高程>155~165 m	157	32	29°59.096′	107°50.127′	原为菜地后撂荒	无

续表

采样点	高程/m	坡度/（°）	纬度	经度	土地利用方式	有无沉积
丰都高程>165～175 m	171	21	29°59.104′	107°50.118′	原为菜地后撂荒	无
忠县植被恢复区高程>145～155 m	155	32	30°25.571′	108°10.694′	原为农田后撂荒	无
忠县植被恢复区高程>155～165 m	160	32	30°25.576′	108°10.710′	原为菜地后撂荒	无
忠县植被恢复区高程>165～175 m	170	32	30°25.576′	108°10.736′	原为菜地后撂荒	无
忠县高程>145～155 m	151	10	30°23.833′	108°9.181′	撂荒地	有
忠县高程>155～165 m	160	10	30°23.819′	108°9.183′	撂荒地	有
忠县高程>165～175 m	170	15	30°23.823′	108°9.193′	撂荒地	无
忠县顺溪岛高程>145～155 m	148	20	30°20.575′	108°5.255′	撂荒地	有
忠县顺溪岛高程>155～165 m	157	25	30°20.572′	108°5.252′	撂荒地	有
忠县顺溪岛高程>165～175 m	168	24	30°20.560′	108°5.243′	撂荒地	无
万州植被恢复区高程>145～155 m	151	17	30°43.584′	108°25.687′	原为菜地	有
万州植被恢复区高程>155～165 m	157	19	30°43.566′	108°25.690′	原为菜地	无
万州植被恢复区高程>165～175 m	170	17	30°43.549′	108°25.696′	原为菜地	无
万州高程>145～155 m	149	19	30°43.868′	108°25.694′	撂荒地	有
万州高程>155～165 m	155	39	30°43.862′	108°25.705′	撂荒地	无
万州高程>165～175 m	167	40	30°43.852′	108°25.720′	撂荒地	无
开州区（调节坝前）高程>145～155 m	148	0	31°10.870′	108°27.336′	玉米地后撂荒	有
开州区（调节坝前）高程>155～165 m	158	34	31°10.861′	108°27.333′	玉米地后撂荒	无
开州区（调节坝前）高程>165～175 m	167	41	31°10.849′	108°27.325′	玉米地后撂荒	无
开州区（调节坝后）高程>145～155 m	150	45	31°9.058′	108°28.766′	撂荒地	无
开州区（调节坝后）高程>155～165m	158	40	31°9.057′	108°28.758′	撂荒地	无
开州区（调节坝后）高程>165～175 m	168	48	31°9.062′	108°28.757′	撂荒地	无
云阳高程>145～155 m	150	24	31°55.631′	108°47.186′	撂荒地	有
云阳高程>155～165 m	160	13	31°55.626′	108°47.197′	撂荒地	无
云阳高程>165～175 m	168	33	31°55.622′	108°47.202′	撂荒地	无
奉节高程>145～155 m	150	29	31°2.745′	109°34.560′	撂荒地	有
奉节高程>155～165m	156	36	31°2.748′	109°34.566′	撂荒地	无
奉节高程>165～175 m	166	45	31°2.761′	109°34.569′	撂荒地	无

续表

采样点	高程/m	坡度/(°)	纬度	经度	土地利用方式	有无沉积
朱依河（调节坝前）高程>145～155 m	153	34	31°1.205′	109°23.098′	撂荒地	无
朱依河（调节坝前）高程>155～165m	161	36	31°1.201′	109°23.087′	撂荒地	无
朱依河（调节坝前）高程>155～165 m	161	36	31°1.201′	109°23.087′	撂荒地	无
朱依河（调节坝后）高程>145～155 m	151	47	31°0.835′	109°24.015′	撂荒地	无
朱依河（调节坝后）高程>155～165 m	164	44	31°0.814′	109°24.009′	撂荒地	无
朱依河（调节坝后）高程>165～175 m	168	49	31°0.807′	109°24.009′	撂荒地	无
巫山高程>145～155 m	153	18	31°3.560′	109°54.902′	撂荒地	无
巫山高程>155～165 m	160	12	31°3.568′	109°54.901′	撂荒地	无
巫山高程>165～175 m	172	43	31°3.540′	109°54.903′	撂荒地	无
巴东高程>145～155 m	150	10	31°1.951′	110°18.084′	原为菜地后撂荒	有
巴东高程>155～165 m	164	30	31°1.943′	110°18.087′	原为菜地后撂荒	无
巴东高程>165～175 m	173	25	31°1.937′	110°18.084′	原为菜地后撂荒	无
兴山高程>145～155 m	147	0	31°12.168′	110°45.239′	原为柑橘地后撂荒	有
兴山高程>155～165 m	157	42	31°12.159′	110°45.252′	原为柑橘地后撂荒	无
兴山高程>165～175 m	167	34	31°12.154′	110°45.260′	原为柑橘地后撂荒	无
秭归高程>145～155 m	147	28	31°1.538′	110°41.467′	菜地	有
秭归高程>155～165 m	162	30	31°1.554′	110°41.507′	菜地	无
秭归高程>165～175 m	171	22	31°1.567′	110°41.498′	菜地	无
兰陵溪高程>145～155 m	150	12	30°51.815′	110°55.141′	原为菜地后撂荒	有
兰陵溪高程>155～165 m	161	18	30°51.804′	110°55.157′	原为菜地后撂荒	无
兰陵溪高程>165～175 m	170	15	30°51.798′	110°55.171′	原为菜地后撂荒	无
兰陵溪植物恢复区高程>145～155 m	147	0	30°51.856′	110°55.142′	原为菜地后撂荒	有
兰陵溪植物恢复区高程>155～165 m	161	15	30°51.868′	110°55.184′	原为菜地后撂荒	无
兰陵溪植物恢复区高程>165～175 m	171	22	30°51.880′	110°55.213′	原为菜地后撂荒	无

2. 土壤理化性质

土壤颗粒组成如表 7-3 所示，土壤中<0.05 mm 的颗粒含量较高，平均占了 38.05%，土壤颗粒相对较细，具有较好的保肥能力，然而不同地区土壤颗粒的组成差异较大。大

部分养分存在中游地区（丰都—奉节朱依河）平均含量偏高，上游和下游地区偏低的特点，这主要与中游地区农业发达有关，忠县、万州区、云阳县和奉节县均是农业密集地，长期的耕作施肥使土壤养分含量偏高（表 7-4）。

表 7-3 三峡库区消落带土壤颗粒组成调查结果

地区、河流	机械组成/%						
	>0.25 mm	<0.05 mm	0.05～<0.02 mm	0.02～<0.01 mm	0.01～<0.005 mm	0.005～<0.002 mm	0.002～<0.001 mm
巴南岛	2.21	40.00	9.00	21.40	7.60	0.40	5.60
巴南区	7.82	76.00	4.00	4.00	1.00	0.60	0.40
长寿区	5.10	69.33	3.33	5.53	2.80	1.13	2.27
涪陵区	0.43	40.67	9.00	16.00	7.33	3.87	4.47
丰都县	2.16	13.00	2.67	14.20	14.80	12.53	12.13
忠县	0.60	17.67	9.00	19.00	12.47	9.27	7.40
忠县植被恢复区	9.07	32.33	5.00	8.00	12.00	9.73	9.60
忠县顺溪岛	0.52	19.00	10.67	17.67	10.00	7.53	8.20
万州区	2.82	24.33	4.00	13.67	11.33	5.67	10.13
万州植被恢复区	2.59	19.00	4.67	17.33	14.33	9.33	10.27
开州区（调节坝前）	23.53	48.00	2.00	10.40	9.60	4.40	5.60
开州区（调节坝后）	20.40	55.67	4.33	8.13	5.47	4.27	4.47
云阳县	2.39	29.00	3.67	13.00	9.67	8.00	7.87
奉节县	4.51	20.00	2.33	10.20	13.93	12.40	11.20
朱依河（调节坝前）	22.30	51.00	7.00	14.00	6.40	2.40	2.80
朱依河（调节坝后）	20.74	32.67	2.00	12.67	11.00	7.20	6.80
巫山县	2.80	20.33	4.33	12.13	9.73	6.80	9.87
巴东县	12.50	25.33	2.00	9.13	9.07	9.27	10.53
秭归县	6.17	24.00	8.00	11.47	7.73	7.27	5.67
兰陵溪	42.61	60.33	4.20	8.47	6.80	5.93	3.27
兰陵溪植被恢复区	53.42	76.00	2.80	3.87	3.47	2.40	3.07
兴山县	9.62	43.33	7.67	12.33	8.80	5.33	4.73
平均值	11.56	38.05	5.08	11.94	8.88	6.17	6.65

表 7-4　三峡库区消落带土壤养分含量调查结果

地区、河流	有机质 / (g/kg)	全氮 / (g/kg)	全磷 / (g/kg)	全钾 / (g/kg)	有效磷 / (mg/kg)	有效钾 / (mg/kg)	氨态氮 / (mg/kg)	硝态氮 / (mg/kg)
巴南岛	5.26	0.42	0.94	12.81	6.64	74.42	12.18	7.99
巴南区	18.06	0.35	0.77	11.85	7.68	37.10	7.18	5.23
长寿区	19.21	0.49	0.54	12.77	5.94	47.13	7.76	8.31
涪陵区	16.53	0.51	0.70	14.43	12.08	62.07	9.94	10.93
丰都县	20.37	1.14	0.70	17.84	14.48	93.97	6.95	9.33
忠县	16.49	0.90	0.63	17.68	13.37	87.87	6.95	7.87
忠县植被恢复区	15.02	1.08	0.58	15.14	13.53	69.23	7.70	7.79
忠县顺溪岛	21.16	0.96	0.72	16.69	10.18	63.49	8.58	6.89
万州区	19.92	0.94	0.77	18.16	13.09	78.03	10.13	5.22
万州植被恢复区	16.17	0.75	0.61	14.89	8.54	79.38	7.19	6.09
开州区（调节坝前）	6.86	0.68	0.44	16.24	11.38	41.58	6.18	12.26
开州区（调节坝后）	16.17	0.78	0.49	17.96	8.16	56.21	7.54	8.96
云阳县	12.59	0.75	0.72	17.20	7.33	83.81	7.56	10.30
奉节县	19.63	1.21	0.62	18.99	15.52	91.66	5.87	10.11
朱依河（调节坝前）	14.26	1.00	0.88	21.60	15.18	96.30	8.71	8.64
朱依河（调节坝后）	7.55	1.20	0.43	13.05	8.28	77.03	8.13	12.37
巫山县	16.88	0.84	0.36	13.61	4.52	54.66	6.40	9.95
巴东县	13.01	0.50	0.39	19.81	5.88	69.81	7.09	11.22
秭归县	5.84	0.44	0.20	12.31	5.44	66.91	9.24	10.00
兰陵溪	10.69	0.63	0.60	9.40	10.91	36.23	6.56	9.85
兰陵溪植被恢复区	9.62	0.67	0.75	8.86	6.26	24.14	7.85	11.44
兴山县	14.07	0.73	0.46	16.91	10.59	56.66	5.68	9.33
平均值	14.33	0.77	0.60	15.37	9.77	65.80	7.79	9.09

三峡库区消落带淹水时间随高程增加而减少，水淹会导致消落带土壤变得紧实少孔，持水能力和排水能力下降。由于受淹水影响有限，高程 178 m 基本不受三峡大坝水位调度的影响。但消落带土壤紧实程度并未随淹水时间减少而出现一致变化。造成这一现象的原因是各消落带人工植被恢复的时间长短、植被类型及各消落带特点各异，因此土壤紧实度随高程变化的趋势也各不相同。高程 175 m 土壤物理性质年际间平均变化幅

度高于高程 170 m，稳定性并未随水位高程增加而增加。造成这种差异的原因在于人工植被恢复后，高程 170 m 以上区域土壤物理性质均保持较良好状态，加之 7 月正值植物生长旺盛时期，植被对消落带高程 170 m 和高程 175 m 土壤物理性质的影响差异不大。冬季淹水期水位长期持续保持在高程 173 m 以上，高程 170 m 长期全部淹没，土壤保持相对稳定状态，而高程 175 m 受波浪冲刷严重，此时植被处于休眠期，对土壤的保护能力有限，导致高程 175 m 土壤长期处于不稳定状态，因此造成高程 170 m 土壤物理性质变化幅度小于高程 175 m 的现象。

以秭归段为典型试验区研究三峡水库运行对不同高程土壤 pH、有机质和金属元素含量的影响（王丽君 等，2021；郭燕 等，2019a）。由表 7-5 可以看出，水淹前期（2008 年）高程>145~165 m 区域表层>0~10 cm 土层的 pH 与高程>175~185 m 对照区域相比均明显升高，高程>165~175 m 区域表层土壤 pH 没有明显变化；在下层>10~20 cm 土层，所有高程区域均未有明显变化。随着水淹次数增多，不同高程，不同厚度的土层 pH 波动性增加，且高程越低增加越大，经过 7 次消落后在低高程区域表层与下层土 pH 较水淹前期分别增加37.6%与45.7%，明显高于中高高程的30.3%、28.8%和35.4%、27.0%。经双因素分析表明，消落带土壤 pH 变化同时受淹没年限、高程及其交互作用的影响，且差异极显著（$P<0.01$）。

表 7-5　消落带不同土层、不同高程的土壤 pH 年际变化特征

土层/cm	高程/m	年份				
		2008	2009	2012	2014	2015
>0~10	>145~155	6.05±0.055Ba	5.51±0.135Ba	7.96±0.095Aa	7.98±0.285Aa	8.19±0.005Aa
	>155~165	5.28±0.055Cb	5.12±0.165Cb	6.63±0.265Bb	7.07±0.055Ab	7.26±0.1Ab
	>165~175	5.04±0.005Bc	5.27±0.035Bb	6.33±0.075Ab	6.50±0.275Ac	6.56±0.09Ac
	>175~185	5.00±0.1Bc	4.95±0.08Bc	5.04±0.285Bc	5.09±0.15Bd	6.75±0.05Ac
>10~20	>145~155	5.66±0.505Ba	5.51±0.37Ba	7.78±0.055Aa	7.83±0.265Aa	8.24±0.06Aa
	>155~165	5.23±0.02Ba	5.02±0.09Ba	6.24±0.355Ab	6.53±0.025Ab	6.64±0.12Ab
	>165~175	4.92±0.175Ba	5.16±0.09Ba	6.1±0.02Ab	6.28±0.325Ab	6.33±0.12Ab
	>175~185	5.32±0.335Ba	5.14±0.295Ba	5.13±0.22Bc	5.61±0.57Ac	6.35±0.05Ab

注：不同大写字母表示同一高程不同年份间差异显著 $P<0.05$；不同小写字母表示同一年份不同高程间差异显著 $P<0.05$。

土壤金属含量的变化见图 7-1~图 7-8，由图 7-1~图 7-8 可知，随着水库水位的周期性涨落，2008~2018 年消落带区域土壤金属元素钾、钙、镁质量分数的年际变化均呈现出波动式增加的趋势，铁、锰、锌质量分数呈现波动式下降的趋势，钠质量分数则呈现逐年下降的趋势。在各年份高程>145~155 m 区域、高程>155~165 m 区域、高程>165~175 m 区域土壤中，钾质量分数呈上升趋势，铁、锰质量分数呈下降趋势，钙质量分数在高程 145~155 m 区域富集，钠、镁、锌质量分数则无明显的高程分布差异。

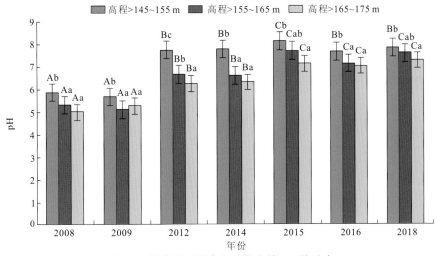

图 7-1　消落带不同高程区段土壤 pH 的动态

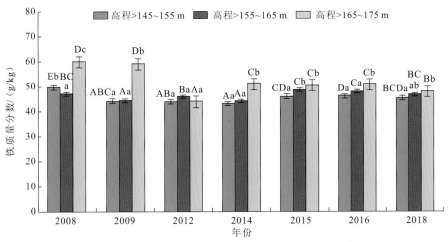

图 7-2　消落带不同高程区段土壤铁质量分数的动态

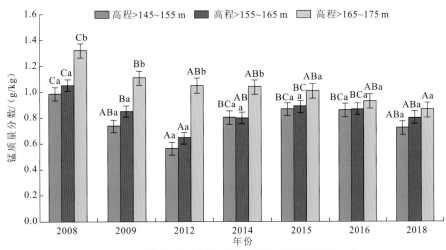

图 7-3　消落带不同高程区段土壤锰质量分数的动态

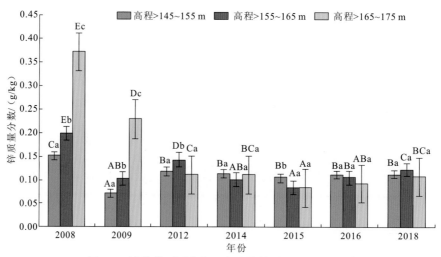

图 7-4　消落带不同高程区段土壤锌质量分数的动态

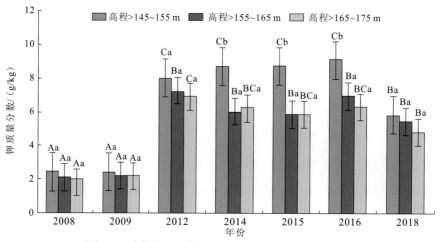

图 7-5　消落带不同高程区段土壤钾质量分数的动态

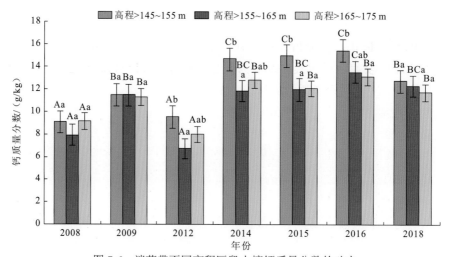

图 7-6　消落带不同高程区段土壤钙质量分数的动态

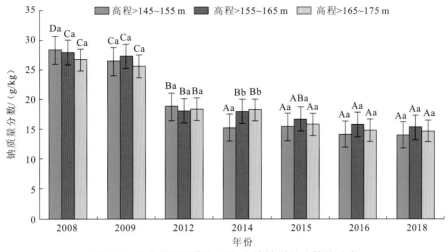

图 7-7 消落带不同高程区段土壤钠质量分数的动态

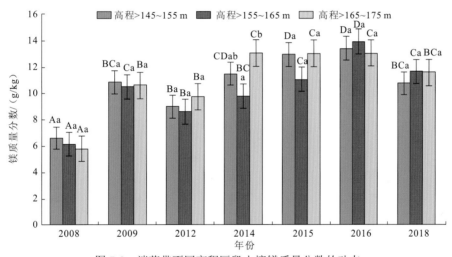

图 7-8 消落带不同高程区段土壤镁质量分数的动态

进一步的相关性和回归分析分析可知，至 2018 年，高程>145～155 m 区段和高程>155～165 m 区段土壤已由酸性发展为碱性，高程>165～175 m 区段土壤由酸性发展为中性。土壤 pH 金属元素质量分数有密切相关性。其中，土壤 pH 与钾、钙、镁质量分数之间存在显著正相关（$P<0.01$），与锰、锌、钠（$P<0.01$）和铁（$P<0.05$）质量分数之间存在显著负相关。

由表 7-6 可以看出，水淹前期（2008 年），中低高程区段不同土层的有机质均质量分数明显高于对照高程>175～185 m 区段，而高程区段土壤表层有机质质量分数与对照高程相比差异显著，但在底层土层差异不大。随着水淹次数增加，对照高程与所有水淹高程表层土层有机质质量分数在 7 次水位涨落周年后（2015 年）均显著降低。

表 7-6　消落带不同土层、不同高程的土壤有机质质量分数年际变化特征

土层/cm	高程/m	年份				
		2008	2009	2012	2014	2015
>0～10	>145～155	35.26±2.702Aa	28.66±3.103Aba	33.65±4.936Aa	28.02±0.363Aba	22.64±0.587Ba
	>155～165	34.54±2.69Aa	27.18±3.379ABCa	31.90±5.445Abb	24.45±0.557Abb	22.25±2.068Ca
	>165～175	29.42±4.252Ab	24.10±2.808Abb	29.91±3.269BCb	23.00±0.05ABb	20.83±1.98Ba
	>175～185	26.11±2.42Ac	21.33±1.624Abc	25.68±4.143Ac	20.47±0.06Abc	17.47±0.99Bb
>10～20	>145～155	21.64±2.977Ba	30.99±0.029Aa	27.30±2.818Aa	19.37±2.906Ba	18.58±2.058Ba
	>155～165	17.90±2.357Bb	26.48±0.105Ab	18.9±2.672Bb	18.46±2.118Ba	17.46±5.38Ba
	>165～175	12.73±0.694Bc	25.04±0.702Ab	15.9±2.672Bc	13.78±0.979Bb	12.57±1.365Bb
	>175～185	11.68±0.73Bc	23.24±0.06Ac	13.53±1.16Bc	11.81±0.304Bc	10.89±0.182Bb

在经历 1 次水位涨落周年后所有高程底层土层有机质质量分数均显著增加，但随着水淹次数的增加，在经历 4、6、7 次水位涨落周年后，又逐年降低，且所有土层各年限低高程有机质质量分数显著高于其他高程。

7.2　三峡库区典型消落带土地利用生态风险评价

忠县消落带是典型生态环境脆弱的湿地生态系统，通过对消落带湿地子系统潜在风险状况的评价并探索风险等级与地形因子的关系，可以有针对性地制定消落带不同风险单元的风险管理措施，为消落带土地利用开发所导致的环境问题进行预防和为其可持续发展提供科学依据。

7.2.1　土地利用生态风险评价框架

土地利用生态风险的评价模型可实现评价结果的定量化表达，是影响评价结果准确性的关键。本研究采用的 $R=P×D$ 模型源于区域生态风险评价，其中 R 为生态风险值，P 为风险发生的概率，D 为生态风险可能造成的损失。该方法一般通过计算景观损失度来构建土地利用生态风险模型，景观损失度通常由干扰度和脆弱度表征。

以农耕生态风险概率（agricultural ecological risk possibility，AERP）和自然-社会复合系统损失度（natural-social loss index，NSLI）来共同表征研究区的综合生态风险（comprehensive ecological risk，CER）。

$$CER_i = AERP_i × NSLI_i \qquad (7-1)$$

式中：CER_i 为风险小区 i 的综合生态风险；$AERP_i$ 为风险小区 i 的农耕生态风险概率；

$NSLI_i$ 为风险小区 i 的自然-社会复合系统损失度。

1. AERP

基于自然环境受人类活动影响程度不断加深的现状，土地利用已取代自然要素成为短期内主导环境变化和区域发展的主要因素。结合风险动态演化的研究目标导向，生态风险概率偏重以农户耕作为主的生产生活导致的风险，选取外部距离胁迫和农户干扰胁迫作为农耕生态风险来源。

$$AERP_i = \sum_{j}^{2} \lambda_j P_{ij} \qquad (7\text{-}2)$$

式中：P_{ij} 为第 i 个风险小区的 j 类风险源概率；λ_j 为 j 类风险源权重，农户干扰胁迫和外部距离胁迫权重分别为 0.41 和 0.59。其中，农户干扰胁迫指农户从事农业活动、生产生活形成的干扰体对景观环境施加的胁迫，以耕地面积占土地总面积的比例——土地垦殖系数来表示。

外部距离胁迫用于表示农户对不同景观类型的干扰距离，一般而言，距离越近，各类景观类型代表的生态系统在人类活动影响下面临生态系统服务降低的风险越大。另外，外部距离胁迫值也与自身地类属性对农户的吸引程度有关，通过距离衰减系数进行衡量，公式如下

$$DIS = \frac{1}{1 + (d/a_j)} \qquad (7\text{-}3)$$

式中：d 为景观单元距道路的距离；a_j 为 j 类景观类型的距离衰减系数，根据未利用地、林地、草地、水域、果园、耕地和对建设用地道路不同的依赖程度，依次取 1、1、10、100、500、500、1 000。

2. NSLI

NSLI 由自然系统损失度与社会系统损失度共同组成，分别表示自然系统与社会系统在风险下暴露可能带来的损失。农耕行为干扰生态环境，给区域内所有景观带来一种或多种暴露风险源，使生态系统都遭受损失风险，进而直观地引起区域景观功能和结构的变化。不同类型景观受到的干扰程度与自身应对外界干扰的抵抗能力和暴露位置等相关。

$$NSLI_i = a \times NLI_i + b \times SLI_i \qquad (7\text{-}4)$$

式中：NLI_i 为第 i 个风险小区自然系统损失度；SLI_i 为第 i 个风险小区社会系统损失度；权重 $a=0.64$、$b=0.36$，权重通过客观熵权法赋值得到。

1）自然系统损失度

选用基于干扰度和脆弱度的自然损失度反映风险受体受到人为干扰时其自然属性损失的程度。公式如下

$$NLI_i = \sum \frac{S_{ik}}{S_i} \sqrt{E_k + F_k} \qquad (7\text{-}5)$$

式中：NLI_i 为第 i 个风险小区的自然系统损失度；E_k 为景观类型 k 的干扰度；F_k 为景观类型 k 的脆弱度；S_{ik} 为第 i 个风险小区 k 类景观类型面积；S_i 为第 i 个风险小区总面积。

（1）景观干扰度。景观干扰度指数通过对景观破碎度指数、景观分离度指数和景观优势度指数三者赋予权重叠加获得。根据分析权衡，并结合前人研究成果，认为破碎度指数（由斑块密度表示）最为重要，其次为分离度指数和优势度指数，以上三种指数分别赋予 0.6、0.3、0.1 的权值。

（2）景观脆弱度。把景观类型与土地利用易损度联系起来，将景观类型赋以权重，反映各景观类型的易损程度。对不同景观类型赋予权重如表 7-7 所示，其中未利用地最为敏感，建设用地和水域最为稳定。

表 7-7 景观类型脆弱度权重

景观类型	权重
林地	0.227
草地	0.227
耕地	0.136
建设用地	0.045
水域	0.045
未利用地	0.318

2）社会系统损失度

由于不同的生态危害发生在不同的风险小区内，可能导致完全不同的结果。因此损失度不仅要考虑受体的自然属性，还要考虑其社会经济属性。

$$\text{SLI} = \frac{1}{2} \times (M + N) \tag{7-6}$$

式中：SLI 为社会系统损失度；M 为农业经济发展指数；N 为社会经济发展指数。研究依托于统计年鉴获取不同土地利用类型下的农业经济产值，用以表征农业经济发展指数；通过夜间灯光遥感影像获取不同区域的发展水平，用以表征社会经济发展指数。

3）地形分布指数

为消除各土地类型面积差异的影响，研究采用地形分布指数描述不同地类在地形梯度上的分布情况。地形分布指数是一个标准化、无量纲的指数，公式如下

$$P = (S_{ie} / S_i) \times (S / S_e) \tag{7-7}$$

式中：P 为地形分布指数；e 为地形因子，分别为高程和坡度；S_{ie} 为 e 地形因子特定等级下的 i 类风险等级的面积；S_i 为 i 类土地的面积；S_e 为整个区域 e 地形因子特定等级下的土地总面积；S 为整个区域面积。

7.2.2　土地利用生态风险评价指标

基于自然断点法将 AERP、NSLI 和 CER 进行分级，等级越高表示风险概率、损失度及综合风险越大。自然断点法基于聚类分析中的单变量分类方法，通过迭代计算类间的数据断点，使类中的差异最小化、类间的差异最大化，从而对数据中的相似值进行恰当的分组，以便较好保持数据的统计特性。

1. AERP

1）AERP 空间分异特征

AERP 是农户干扰胁迫与外部距离胁迫的综合表征。由图 7-9 可知，研究期间风险概率空间差异显著，大致呈现下游高上游低、南岸高北岸低的空间分布格局。极高等级风险概率区占总面积的 43.37%，主要分布于长江主干道及其支流沿岸的狭长地带。其中，东溪镇北部、忠州镇中部及涂井乡南部为高风险概率集中区。中等级和高等级风险等级在极高等级风险区域周围呈条状分布，占总面积的 13.16%，未呈现明显的集聚特征。低等级和极低等级风险区占总面积的 40.47%，除集中分布的复兴镇北部、新生镇东部区域，其余低和极低风险等级区与其他风险等级区域相邻，形成高级-较高级-中级-低级-极低级依次分布的空间格局。

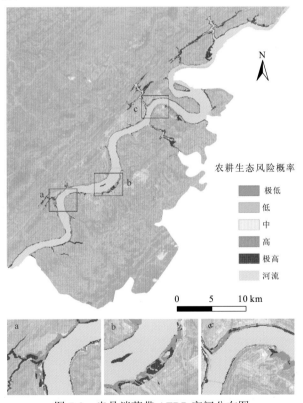

图 7-9　忠县消落带 AERP 空间分布图

2）农耕生态风险与地形的关系

为理清农耕生态风险与地形的耦合关系，以高程为单一因子，探讨农耕生态风险的空间分异（表 7-8）。

表 7-8　不同高程范围不同 AERP 等级面积及占总面积比例情况

生态风险等级	高程>145~155 m		高程>155~165 m		高程>165~175 m	
	面积/m²	占比/%	面积/m²	占比/%	面积/m²	占比/%
极低	3 022 850	24.353 2	4 457 925	33.486 6	4 681 750	36.299 5
低	313 625	2.526 7	1 149 400	8.633 9	2 076 175	16.097 4
中	155 900	1.256 0	546 100	4.102 1	1 311 125	10.165 7
高	433 100	3.489 2	1 270 175	9.541 2	1 387 950	10.761 3
极高	8 487 050	68.374 9	5 888 975	44.236 2	3 440 575	26.676 1

随着高程增加，农耕生态风险不同等级区域的占比变化趋势大致分为两类，一是增加型，包括极低、低、中、高四个等级在内的风险区。二是减少型，即高等级风险区。由图 7-10 可以看出，由左至右随着高程的不断增加，极低、低、中、高风险面积占比持续升高，极高风险面积占比大幅度降低。

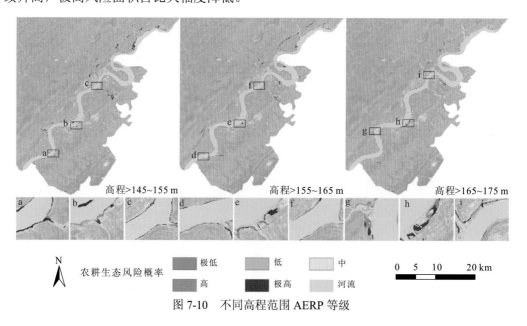

图 7-10　不同高程范围 AERP 等级

2. NSLI

1）NSLI 空间分异特征

NSLI 由自然系统损失度、社会系统损失度综合表征，由图 7-11 可知，研究期间 NSLI

空间差异不显著，大致呈现河流上游高下游低的空间分布格局。中等级损失度带状分布于研究区河流上游，可能的原因是上游多个乡镇土地利用开发程度高、景观破碎度高，风险造成的损失较大。低等级和极低等级风险区在研究区内广泛分布，在涂井乡、石宝镇集聚特征显著。高等级和极高等级风险区占比小，零星分布于河流沿岸。

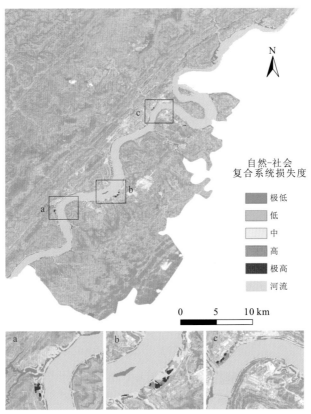

图 7-11　忠县消落带 NSLI 空间分布图

2）NSLI 与地形的关系

为理清 NSLI 与地形的耦合关系，以高程为单一因子，探讨生态风险的空间分异（表 7-9）。

表 7-9　不同高程范围不同 NSLI 等级面积及占总面积比例情况

生态风险等级	高程>145～155 m		高程>155～165 m		高程>165～175 m	
	面积/m²	占比/%	面积/m²	占比/%	面积/m²	占比/%
极低	6 381 825	69.216 8	9 621 500	73.513 3	3 381 675	35.225 5
低	672 275	7.291 4	926 200	7.076 7	910 875	9.488 2
中	2 016 925	21.875 4	2 181 550	16.668 2	4 295 050	44.739 8

续表

生态风险等级	高程>145~155 m		高程>155~165 m		高程>165~175 m	
	面积/m²	占比/%	面积/m²	占比/%	面积/m²	占比/%
高	104 350	1.131 8	291 775	2.229 3	766 200	7.981 2
极高	44 675	0.484 5	67 075	0.512 5	246 275	2.565 3

随着高程增加，NSLI 不同等级风险区的占比变化趋势大致分为两类，一是增加型，包括极低、中、高、极高四个等级在内的风险区。二是减少型，即极低等级风险区。由图 7-12 可以看出，由左至右随着高程的不断增加，低、中、高、极高等级风险区面积占比持续升高，极低等级风险区面积占比大幅度降低。

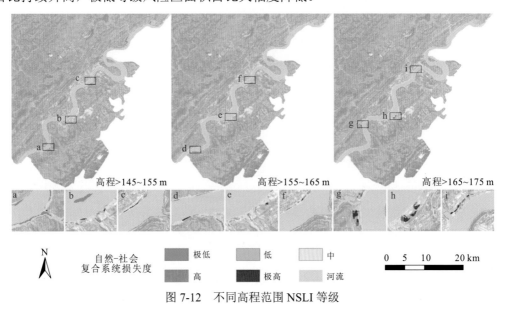

图 7-12 不同高程范围 NSLI 等级

3. CER

1）CER 空间分异特征

CER 是"概率-损失"二维模型的集成表达。从图 7-13 中可以看出，研究区 CER 空间差异性不显著，极低、低两个等级风险区占总面积的 83.56%，均匀分布于研究区内。高、极高等级风险区占研究区面积的 3.78%，零星分布于河流南岸。

2）CER 与地形的关系

为理清 CER 与地形的耦合关系，以高程、坡度分别为单一因子，结合分布指数探讨生态风险的时空分异（表 7-10）。表 7-10 中，P 为地形分布指数。当地形分布指数 $P=1$ 时，表示某风险等级在某种地形上的比重与研究区内的比重相等；当 $P>1$ 时，表明某风险等级在该地形上的比重大于该风险等级总面积在研究区的比重，因此 $P>1$ 的区间为风险等级的优势位。

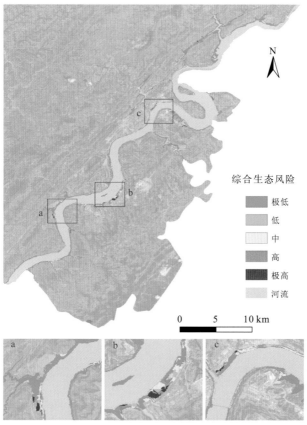

图 7-13　忠县消落带 CER 空间分布图

表 7-10　CER 与高程的分布关系

生态风险等级	高程>145~155 m			高程>155~165 m			高程>165~175 m		
	面积/m²	占比/%	P	面积/m²	占比/%	P	面积/m²	占比/%	P
极低	10 842 425	89.342 5	1.175	9 621 500	73.519	0.967	5 802 175	62.175 9	0.818
低	830 750	6.845 4	0.385	926 200	7.077 2	0.884	1 465 650	15.705 8	1.962
中	374 325	3.084 5	0.544	2 181 550	16.669 5	1.326	1 333 375	14.288 4	1.136
高	63 625	0.524 3	0.224	291 775	2.229 5	0.952	456 525	4.892 1	2.077
极高	24 675	0.203 3	0.191	66 075	0.504 9	0.474	274 150	2.937 8	2.789

（1）生态风险与高程的分布关系。随着高程增加，CER 不同等级风险区的地形分布指数变化趋势大致分为 3 类：增加型，主要表现为低、高、极高等级风险区面积增加；波动型，主要表现为中等级风险区面积波动变化；减少型，主要表现为极低等级风险区面积减少。

从分布优势数值变化来看，随高程梯度增加，高、极高等级风险分布优势持续升高，大致在高程>165~175 m 区域内占优势，表明生态风险随着高程增加而增加。在高程>165～175 m 区域内，淹没时间较短，消落带出露时间较长，有利于农户采取可靠性高、可利用时间长、可达性较好的土地利用模式，且农户耕作可达性较高。因此，高程>165～175 m 区域内受高密度农耕行为影响较大，且区域人口集中，粮食产量较高，系统损失度大，CER 最高。同时，高程较高区域内裸露区域的林草地易被农户的耕作行为破坏，自然损失度较大。

中等级风险区面积随高程的增加呈现先增高后降低的趋势，原因可能是随着高程的增加，农户开发利用强度逐渐增强，随着高程增加，风险等级逐渐由低等级或极低等级转变为中等级风险，而随着高程的进一步增加，中等级风险逐渐转变为高、极高等级风险，因而中等级风险分布指数开始呈现下降趋势。

极低等级风险在高程>145～155 m 区域内呈现优势分布，随高程增加，分布优势持续降低，说明高程较高的区域将承受更多的生态风险。而较低高程区域出露时间较短，可达性较弱，农户对其利用程度较低，农耕风险影响十分有限，自然损失度较小，因而CER 小。由图 7-14 可以看出，由左至右，随着高程的不断增加，高、极高等级风险区面积明显增加，与地形分布指数 P 的变化趋势一致。

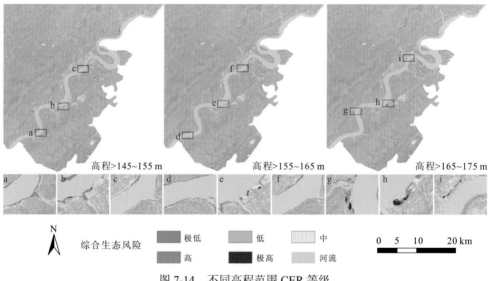

图 7-14　不同高程范围 CER 等级

（2）生态风险与坡度的分布关系。随着坡度增加，CER 不同等级风险区的地形分布指数变化趋势大致分为三类：增加型，主要表现为极高等级风险区面积增加；波动型，主要表现为高等级风险区面积波动变化；减少型，主要表现为极低、低、中等级风险区面积减少。从分布优势数值变化来看，随坡度增加，极高等级风险区分布优势持续升高，大致在 0°～5°坡度范围内占优势。较低的起伏度能够指示较高的地形完整性与可达性，受高密度农耕行为影响而呈现为高风险等级，且区域人口集中，粮食产量较高，系统损失度大，CER 最高；极低、低、中等级风险在>25°～35°范围内呈现优势分布，较高坡度不适宜农户耕作且可达性较差，农耕风险影响十分有限，且坡度较大的区域分布大量林草地，自然损失度较小（表 7-11）。

表 7-11　CER 与坡度的分布关系

生态风险等级	0°～5°	>5°～8°	>8°～15°	>15°～25°	>25°～35°
极低	1.029	0.988	0.989	0.964	0.962
低	0.940	0.979	0.996	1.093	1.474
中	0.848	1.080	1.047	1.203	1.112
高	0.850	1.053	1.229	1.024	0.374
极高	1.545	0.903	0.711	0.399	0.101

7.2.3　消落带开发与保护权衡

消落带土地开发利用风险受生境类型、不同风险单元与不同风险源共同影响，主要体现在某些风险单元个别的风险源或生境类型的潜在的风险已达到了较高的程度，亟待进行风险管理对策研判。

结合典型消落带土地利用适宜性评价结果，分析生态风险与地理环境之间的空间关联，针对性地提出空间差异化的生态保护措施，以循证决策的方式，有效权衡忠县消落带开发与保护关系，实现生态保护与社会经济的协同发展。

1. 高程 > 145～155 m 区域内消落带的开发与保护

高程>145～155 m 区域内的忠县消落带土地利用主要为草地和滩涂，通过对消落带成陆时间及对其 AERP、NSLI 的估测，这一风险单元 CER 等级主要为极低等级和低等级，但是农耕生态风险为高等级和极高等级，主要原因是该区域农耕用地占比高，且生态景观较为脆弱，农业承载力较弱。根据忠县消落带土地利用适宜性评价结果可知，高程 > 145～155 m 区域内的消落带是宜草区的主要集中地，因此本单元应加强合理规划，采用轮耕、少耕或不耕方式以减少农耕活动对本区域影响。

2. 高程 > 155～165 m 区域内消落带的开发与保护

依据 AERP 评价结果，高程>155～165 m 区域内消落带的风险等级为中等级，是中等级风险区的优势单元，农耕生态风险为高等级和极高等级，NSLI 风险等级为中等级、高等级和极高等级。

该区域内土地利用方式主要为草地，道路等建设用地呈现集聚分布特点，农业种植强度显著增强。农耕生态风险评价结果显示，区域内农业种植影响较大，须加强对作物种植的风险管理。该风险单元内应合理施用肥料与农药，对于肥料，应加强对土壤和作物的营养诊断，根据耕地质量，合理配置氮、磷、钾的施用量，减少化肥使用，增加有机肥用量，避免盲目大量施用化肥；对于农药，可加强农药减施相关条例、法规、政策的宣传教育，普及农药使用知识，开展现代实用技术培训，帮助库区农民掌握植保防治及农药安全使用等实用技术和职业技能。

此外，土地利用适宜性评价结果显示，高程>155～165 m 区域内消落带是宜林和中度宜农的聚集区，可将土地利用适宜性评价结果为宜林区域内的耕地转换为林地，在充分发挥该区域的土壤、坡度等优势条件下实现林业生产，并在一定程度上改善消落带生态，减少农业生产过程对该单元生态环境的破坏。

3. 高程＞165～175 m 区域内消落带的开发与保护

CER 评价结果表明，该风险评价单元的风险程度是三个评价单元中最高的，以高等级和极高等级风险区为主，农耕生态风险为低等级和极低等级，但是 NSLI 风险等级为极高等级，土地利用适宜性评价结果为高度宜农区。

结合土地利用现状数据，该风险单元相较于其他单元，农村居民点聚集，道路、矿场等建设用地数量较多，产生的生态风险主要来自于居民生产生活排污、作物种植引起的土地污染及农药化肥的使用对水体水质的污染。可行的风险管理策略主要包括以下两点，一是加强污染防治。对生产经营中产生的废弃物必须及时清理并运出库区做无害化处理，提高废液收集率，定期清捞消落带固体废物，建立周边垃圾等固体废物收集转运系统及周边废液、固体废物处理相关基础配套设施。此外，还需完善区域内污染物监测体系，实现污染预警与快速响应。二是推动区域生态重建与植被可持续恢复。实施植被修复与生态系统重建工程，提升区域内生物栖息地环境，增加区域内生物多样性。

消落带开展植被修复时，在区域内自然环境及生态系统条件下，可通过采用物种选择、培植及引入，植物群落动态调控及群落结构的优化配置与组建等措施进行植被修复。如根据忠县现状，可选一些耐淹、树形较好的多年生乔木（垂柳、池杉等）、灌木（怪柳、马桑等）树种以兼作库区周边绿化美化林带并提高生态系统的稳定性。

7.3 三峡库区消落带土地利用管理策略

7.3.1 土地利用政策背景

2016 年 1 月 5 日，习近平总书记在重庆召开的推动长江经济带发展座谈会上明确指出，当前和今后相当长一个时期，要把修复长江生态环境摆在压倒性位置，共抓大保护，不搞大开发。"共抓大保护、不搞大开发"作为一个整体和实践指南，"共抓大保护"突出的是"保护"这一价值维度，"不搞大开发"强调的是禁止"滥砍滥伐、滥排滥倒、滥抢滥占"的治理底线。保护是基础，是前提；科学发展、绿色发展和可持续发展是目标，是要求。

2018 年 4 月 26 日，习近平总书记在深入推进长江经济带发展座谈会上指出，"必须从中华民族长远利益考虑，把修复长江生态环境摆在压倒性位置，共抓大保护、不搞大开发，努力把长江经济带建设成为生态更优美、交通更顺畅、经济更协调、市场更统

一、机制更科学的黄金经济带，探索出一条生态优先、绿色发展新路子。"

2018 年 6 月 20 日，重庆市委、市政府联合印发《重庆市实施生态优先绿色发展行动计划（2018—2020 年）》，计划实施 28 项重点工程，并提出到 2020 年，全市初步构建起节约资源和保护环境的空间格局、形成绿色产业结构和生产生活方式，生态文明建设水平与全面建成小康社会相适应，生态文明建设工作走在全国前列，筑牢长江上游重要生态屏障，彰显浑然天成自然之美和悠久厚重人文之美①。

2019 年习近平总书记在重庆考察时，要求重庆市要"在推进长江经济带绿色发展中发挥示范作用"。

2021 年 2 月，由重庆市规划和自然资源局牵头，会同石柱县政府、忠县政府等多单位制定了《重庆市"三峡库心·长江盆景"跨区域发展规划（2020—2035 年）》。规划到 2035 年，生态环境全面提升，绿色发展卓有成效，人民生活幸福美好，区域协同更加充分，生态环境、经济社会等指标均位于全市前列，实现生态美、产业兴、百姓富的有机统一，唱响"三峡库心·长江盆景"品牌，建成"长江经济带三峡库区绿色发展协同示范区"，成为全市发挥"三个作用"的示范样板②。

2021 年 5 月，财政部、生态环境部、水利部、国家林业和草原局研究制定了《支持长江全流域建立横向生态保护补偿机制的实施方案》，明确到 2025 年长江全流域建立起流域横向生态保护补偿机制体系。

在此背景下，科学地权衡保护和开发的关系管控消落带生态风险，成为消落带土地合理利用研究的重要课题。

7.3.2　土地利用现状问题

1. 区域内自然条件较差

夏季降雨量大且集中，区域内地质灾害易发点多，极易造成严重水土流失，并诱发地质灾害。且三峡库区地处山地丘陵区，污染物易聚集难扩散，极易产生酸雨，影响区内水、土环境与植被生长。

2. 消落带保护利用规划滞后

消落带治理工作存在一定程度上无序问题，乱占滥用消落带土地的现象时有发生，乱占滥垦和不合理利用引起的地表破坏与水土流失，给三峡水质、工程安全带来极大隐患，相关土地开发利用与生态环境保护总体规划及配套实施规划尚未完善。

3. 消落带管理无法可依

针对消落带的管理，国家尚未出台专项法律法规，三峡库区地方省市也只出台了部

---

① 中国共产党重庆市委员会，重庆市人民政府，2018. 重庆市实施生态优先绿色发展行动计划（2018—2020 年）。
② 忠县人民政府，2021. 重庆市"三峡库心·长江盆景"跨区域发展规划（2020—2035 年）。

分暂行办法。消落带管理没有合适的标准，对违规的处罚没有强制性措施，只能进行相应的措施引导，难以从根本上杜绝消落带土地违规、不合理利用现象的发生。

4. 消落带耕种涉及人多面广，管理难度较大

尽管有规定禁止耕种消落带土地，但家家户户都在消落带土地上耕种，当地人民政府阻止不了，只能做农户的思想工作，但成效并不明显。消落带面积大且分散，管理部门很难专派人手对每块地天天值守。

5. 少数农民和治理项目"抢地"

在消落带上栽种耐淹植物、恢复植被生态系统是各区县治理消落带的主要方式，但不少地方出现种地农民和治理项目"抢地"现象，甚至妨碍治理。

7.3.3 土地利用管理目标

世界自然保护联盟（International Union for Conservation of Nature and Nature Resources，IUCN）提出的基于自然的解决方案（nature-based solutions，NBS）是一种以自然为基础、受自然启发、由自然支持并利用自然的动态的解决方案，其以高效利用资源、适应性的方式在面对多种社会挑战的同时，使社会、环境与经济共同受益。NBS 使人们更为系统地理解人与自然和谐共生的关系，更好地认识人类赖以生存的地球家园的生态价值，提倡依靠自然的力量应对气候风险，构筑尊崇自然、绿色发展的社会经济体系，构建温室气体低排放和气候韧性社会，打造可持续发展的人类命运共同体。NBS 能够运用权衡的理念，充分发挥自身指导性作用，统筹规划、综合管理、长远结合、久久为功，统筹协同推进流域上下游的生态保护，不断满足人民群众日益增长的优美生态环境的需要和对优美生态产品的需要，落实"共抓大保护、不搞大开发"的政策，确保生态、社会、经济三个效益的统一，最终实现可持续发展。

在具体的区域生态风险评价过程中，结合 NBS 理论知识，响应"共抓大保护、不搞大开发"的政策理念，依据风险表征的结果，提出合理的风险管理措施，对区域环境的风险问题加以控制，降低或消除各种风险带来的各种生态负效应，并采取系列积极、有效的措施对危害受体加以保护，促进消落带的可持续恢复与土地合理利用。

1. 建立良好的湿地生态系统

合理利用消落带土地资源，全力保护和恢复水源林地，形成良好的湿地生态系统，促进消落带生态环境趋向良性循环。在域内，增加植被面积，根据高程区域不同，在不同地段合理配置乔灌草植被，同时优选植被时宜兼顾经济与水土流失防治效益。

2. 缓解人多地少矛盾

部分消落带区域退水时间完全满足一季农作物生长的要求。在一些不适合防护工程

开发利用的消落带土地，进行季节性利用也可以缓解人地矛盾，产生显著的社会与经济效益。在这些地方应配套合适的田间排水工程与防浪工程，以保护域内耕作土壤质量，提高开发利用效果，减少利用风险。

3. 识别潜在生态危害，确立土地合理开发利用的模式

识别忠县消落带土地利用开发可能产生的危害，通过风险评价提供风险的比较、区分优先级，使管理者便于比较不同的方案，综合社会、经济、生态效益选取恰当的管理决策，采取合适的环境保护措施与土地开发利用模式。

7.3.4　土地利用管理原则

1. 生态环保性原则

消落带土地资源的利用开发应以生态优先，进而考虑经济发展，在消落带土地的利用中完善资源价格形成机制，探索建立基于市场调节的环境资源有偿使用机制，建立和完善环境保险、绿色信贷等环境经济政策，加快重污染产业退出，推动鼓励绿色环保、资源节约型利用。

2. 因地制宜性原则

针对不同类型的消落带的土地资源，消落带土地开发利用时也应根据其不同的土壤性质、结构和生态过程采取适宜的方式，如立地条件较好的平坦地区开展农业耕种、土薄坡陡的地方减少扰动等。因此，应具体情况具体分析，采取遵循因地制宜的原则，针对不同区域建立不同的利用方式，选取不同的分析指标与评价方法。

3. 可持续发展性原则

消落带土地资源的利用开发应以土地资源持续利用和生态环境可持续改善为基础，进而保障区域内社会经济的持续发展。因此在对消落带土地开发利用分析、设计及规划时，应把消落带作为一个整体考虑，在可持续发展的基础上统筹利用类型的结构、格局和比例，使其与本区域的经济发展和自然特征相适应，缓解人多地少的矛盾，优化消落带资源利用效能。

7.3.5　三峡库区消落带综合治理对策建议

1. 完善三峡库区消落带湿地法律和管理制度

三峡库区消落带是易破坏、敏感和易污染的生态脆弱带，当前国家和地方政府出台的三峡库区消落带保护和利用的相关法律法规不足以满足当前管理需求，消落带的保护和利用缺少相应法律支持。建议尽快完善三峡库区消落带管理制度与相关法律法规，明

确各方职责和利益关系，确保消落带保护管理工作依法开展。

2. 制定三峡库区消落带统筹治理规划

当前消落带治理工作都是一个点一个点分散来做，各地治理"各自为政"，没有从生态系统角度统筹思考，难以形成整体的生态系统。建议将三峡库区消落带治理上升为全国重要生态修复工程的高度，提高各相关单位对三峡库区消落带治理的重视程度，并详细调查三峡库区消落带的高程、类型、立地条件等，进一步组织专家统一规划、论证，制定切实可行、因地制宜的治理方案，明确三峡库区消落带治理的目标、方向和时间进度表。

3. 加大资金投入，转化科研成果

目前针对三峡库区消落带治理还没有专项经费，尽管国内多家相关科研院在三峡库区不同立地条件下开展了多种类型的试点，但相关项目由于缺少后续项目经费支持往往在项目结束后就停止试点与试验，科研成果难以更广泛地推广应用。建议提高三峡库区消落带治理科研支撑力度，加大三峡库区消落带专项治理投入，继续组织科研机构开展治理与恢复的关键技术研究，在各区域设置监测点，加强长期科学监测。

7.4　本章小结

本章通过典型研究区野外调查分析水淹涨落过程中三峡库区消落带土壤环境变化。进一步通过 CER 评价模型对研究区土地利用生态风险进行评价，在此基础上结合研究区土地利用现状，基于自然的解决方案提出三峡库区消落带综合治理对策建议，主要研究结论如下。

（1）受复合因素影响，典型研究区消落带土壤理化性状随淹水时间变化不一。其中受高程、植被类型等影响，高程 175 m 区域土壤物理性质年际间平均变化幅度高于高程 170 m 区域。土壤化学性质，主要受水淹年限、高程及其交互作用，土壤 pH 随着水淹年限的增加不断增加，高程>145～155 m 区域土壤已由酸性变为碱性；不同高程区域土壤金属元素铁、锰、锌质量分数呈现波动性下降的特征，碱性金属元素钾、钙、镁质量分数呈现波动性增加的趋势，钠质量分数则呈现逐年递减的趋势。

（2）典型研究区 AERP 空间差异显著，大致呈现下游高上游低、南岸高北岸低的空间分布格局。极高等级风险概率区域占总面积的 43.37%，主要分布于长江主干道及其支流沿岸的狭长地带。其中极低、低、中、高四个风险等级的风险区面积随高程增加而增加，极高等级风险区面积随高程增加而减少。NSLI 空间差异不显著，其中低、中、高、极高四个等级的风险区面积随高程增加而增加，极低等级风险区面积随高程增加而减少。综合来说 CER 受高程和坡度共同影响，极高等级风险区面积随高程和坡度增加而增加。

（3）权衡消落带的开发与保护措施，提出消落带土地利用的举措：①在低高程区域

（高程＞145～155 m）应加强对作物种植及农耕地方面的管理，统筹考虑区域全部耕地质量，转变耕作模式或不耕作，减少土地内的农药和化肥的施用量；②在中等高程区域（高程＞155～165 m）需加强对作物种植的风险管理，可将土地利用适宜性评价结果为宜林区域内的耕地转换为林地，在充分发挥该区域的土壤、坡度等优势条件下实现林业生产；③在高高程区域（高程＞165～175 m）应加强污染防治、加快环境基础设施建设，建立长期的污染监测体系及快速响应机制并加快植被修复与生态重建。同时在政策层面，针对三峡库区消落带土地利用中遇到的问题应尽早完善库区消落带湿地法律和管理制度，制定三峡库区消落带统筹治理规划，加大资金投入，转化科研成果。

第8章 三峡库区消落带生态修复技术及其示范

8.1 三峡库区消落带生态修复技术

8.1.1 三峡库区消落带生态修复关键参数研究

次降雨过程中，对于某一坡度和下垫面的地块，作为坡面土壤侵蚀明显标志的细沟发生时需要一定的坡长来汇集径流，这一坡长称为临界坡长。细沟侵蚀是坡面土壤侵蚀的主要形式之一。细沟一旦形成，坡面薄层水流转变为股流，其水力学特征发生根本性的转变，侵蚀动力增强，水流侵蚀形态由对土壤颗粒的搬运转变为对土壤块体崩解、分散、输移的过程，侵蚀量剧增，对消落带生态修复与土地利用具有重要影响，是相关参数设计的关键指标。临界坡长通过室内试验获取。以三峡库区消落带典型区忠县为研究对象，通过降雨试验研究不同降雨强度与坡度下坡面细沟发育情况，分析其临界坡长。

1. 不同降雨强度

降雨强度是影响坡面细沟发育的主要因素，以坡度 15° 的坡面为例，不同降雨强度下，坡面细沟发育过程见图 8-1～图 8-3，随降雨历时增加，不同降雨强度条件的坡面均有细沟发育，且降雨强度越大，细沟发育程度越剧烈。

（a）0 min

（b）5 min

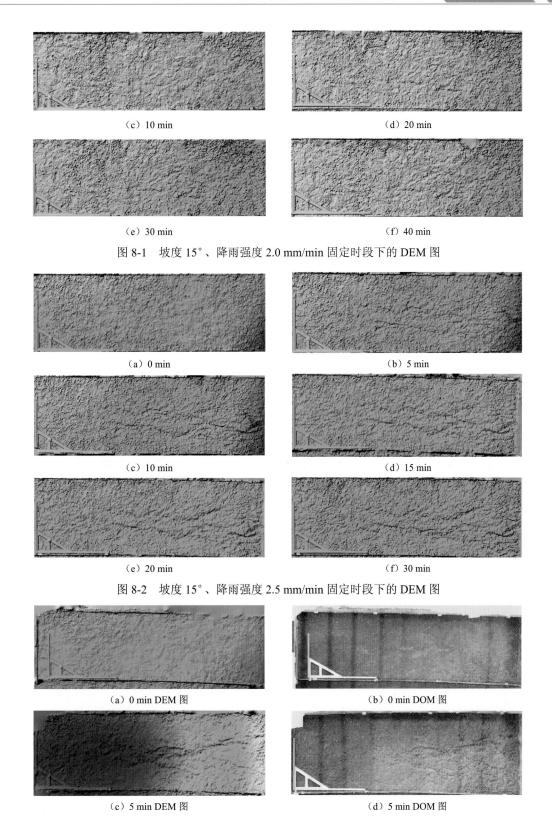

（c）10 min　　　　　　　　　　　　（d）20 min

（e）30 min　　　　　　　　　　　　（f）40 min

图 8-1　坡度 15°、降雨强度 2.0 mm/min 固定时段下的 DEM 图

（a）0 min　　　　　　　　　　　　（b）5 min

（c）10 min　　　　　　　　　　　　（d）15 min

（e）20 min　　　　　　　　　　　　（f）30 min

图 8-2　坡度 15°、降雨强度 2.5 mm/min 固定时段下的 DEM 图

（a）0 min DEM 图　　　　　　　　　　（b）0 min DOM 图

（c）5 min DEM 图　　　　　　　　　　（d）5 min DOM 图

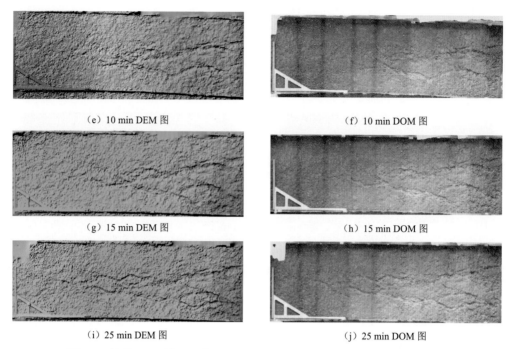

（e）10 min DEM 图　　　　　　（f）10 min DOM 图

（g）15 min DEM 图　　　　　　（h）15 min DOM 图

（i）25 min DEM 图　　　　　　（j）25 min DOM 图

图 8-3　坡度 15°、降雨强度 3.0 mm/min 固定时段下的 DEM 图和 DOM 图

2. 不同坡度

从降雨强度 3.0 mm/min，坡度 6°、10° 和 15°，降雨时长分别为 0 min、5 min、10 min、15min 和 25 min 的坡面 DEM 图可以看出，相同降雨强度，坡度越大，细沟发育越明显（图 8-4～图 8-6）。

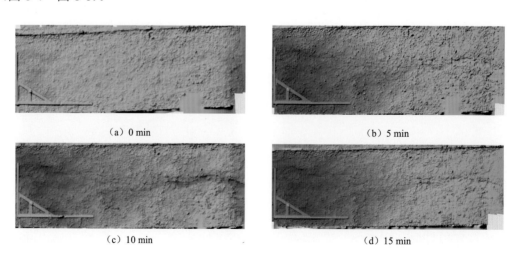

（a）0 min　　　　　　　　　（b）5 min

（c）10 min　　　　　　　　　（d）15 min

（e）25 min

图 8-4　坡度 6°、降雨强度 3.0 mm/min 固定时段下的 DEM 图

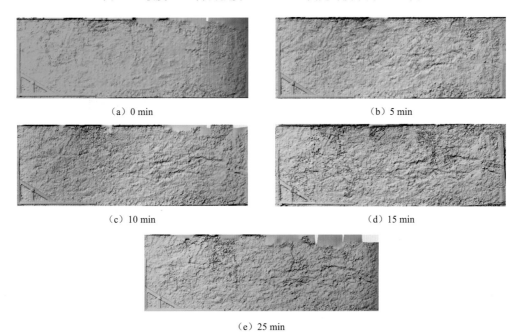

（a）0 min　　　　　　　　　　　　　　　（b）5 min

（c）10 min　　　　　　　　　　　　　　　（d）15 min

（e）25 min

图 8-5　坡度 10°、降雨强度 3.0 mm/min 固定时段下的 DEM 图

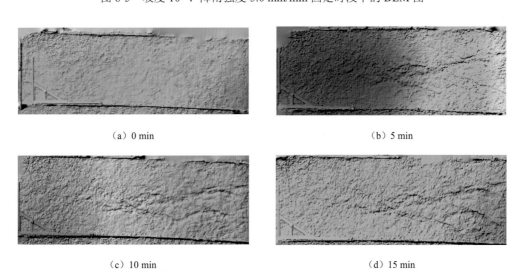

（a）0 min　　　　　　　　　　　　　　　（b）5 min

（c）10 min　　　　　　　　　　　　　　　（d）15 min

（e）25 min

图 8-6　坡度 15°、降雨强度 3.0 mm/min 固定时段下的 DEM 图

3. 临界坡长

当坡度 6°，降雨强度分别为 2.0 mm/min、3.0 mm/min 和 4.0 mm/min 时，坡面均有细沟发育，但细沟的发生及跌坎的发育非常缓慢，试验条件下无临界坡长出现。当坡度分别为 10°、15° 时细沟发生的临界坡长随降雨强度的增加显著减小，坡面临界坡长基本与降雨强度呈负相关。以坡度为 10° 为例，当降雨强度大于 1.5 mm/min 达到最大时（3.5 mm/min），坡面临界坡长为 3.70 m（表 8-1）。这主要是由于降雨强度越大，发生细沟侵蚀所需要的汇流面积越小，因此临界坡长也越短。相同降雨强度，坡度为 15° 时细沟发育的临界坡长基本明显小于坡度为 10° 时，这是因为坡度越大，径流到坡面下部时的动能越大，对表层土壤的破坏作用越大，因此相同降雨强度条件下，坡面相同位置更容易产生细沟，细沟发育所需要的汇流面积减小，导致临界坡长减小。

表 8-1　不同坡度和降雨强度下坡面细沟发育临界坡长变化　　　　　（单位：m）

坡度/（°）	降雨强度/（mm/min）				
	1.5	2.0	2.5	3.0	3.5
10	5.9	4.8	4.5	4.3	3.7
15	5.1	4.5	4.2	3.9	2.8

8.1.2　典型生态修复模式优化设计

1. 基塘/湿地模式设计

1）基塘组合模式

在高程>165～175 m 区域根据自然地形和湿地生态特点构建基塘系统，基塘与基塘串联使用，设置时避免死水区和回水区，基塘内种植藕、茭白等水生观赏和经济植物。基塘组合模式土地合理利用技术方案如图 8-7 所示、基塘组合模式示意图如图 8-8 所示。基塘设计表面积可根据化学需氧量、污染物负荷和表面水力负荷计算，取上述结果最大值，同时满足水力停留时间要求设计标准，如表 8-2 所示。

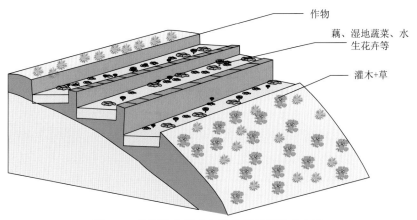

图 8-7　基塘组合模式土地合理利用技术方案

图 8-8　基塘组合模式示意图

表 8-2　基塘组合模式设计参数表

项目		设计参数
停留时间/天		1～3
表面水力负荷/[m³/（m²·d）]		0.1～0.5
污染物负荷/[g/（m²·d）]	BOD$_5$	1～8
	COD$_{Cr}$	5～8
	TN	0.5～1
	TP	0.05～1
	SS	4～6
床体深度/m		1～2.5
长宽比		2:1～5:1
地坡/%		0.1

基塘设计表面积计算公式如下

$$T = \frac{V}{Q} \tag{8-1}$$

$$A = \frac{Q(S_0 - S_1)}{N_A} \tag{8-2}$$

$$A = \frac{Q}{q} \tag{8-3}$$

式中：V 为湿地体积，m³；Q 为流量，m³/d；A 为表面积，m²；N_A 为污染物削减负荷，

g/（m²·d）； S_0 为进口浓度，g/m³； S_1 为出口浓度，g/m³； q 表面水力负荷，m³/（m²·d）。

2）基塘湿地复合模式

依自然地形和污染物负荷也可在高程>165～175 m区域构建基塘湿地复合模式，基塘与湿地复合串联使用，通过基底、水生植物的变化，创造不同的生境，净化面源污染物，提升景观效果、促进生态恢复，基塘湿地复合模式示意图如图8-9所示。设置时应避免死水区和回水区，基塘与湿地表面积可根据化学需氧量、污染物负荷和表面水力负荷计算，取上述结果最大值，同时满足水力停留时间要求设计标准，如表8-3所示。

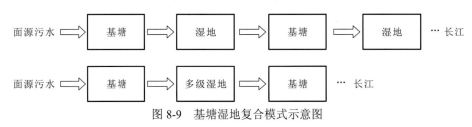

图8-9　基塘湿地复合模式示意图

表8-3　基塘湿地复合模式设计参数表

项目		总体设计参数	分项设计参数	
			基塘	湿地
水力停留时间/天		4～10	2～4	2～6
表面水力负荷/[m³/（m²·d）]		0.02～0.05	1～3	0.05～0.1
污染物负荷/[g/（m²·d）]	BOD₅	1～2	3～5	2～4
	COD_{Cr}	2～4	5～10	3～5
	TN	0.5～1	1～2	0.5～1
	TP	0.05～0.08	0.1～0.3	0.05～0.08
	SS	3～7	10～20	3～7
床体深度/m		—	1.5～2.5	0.2～0.4
长宽比		—	—	2:1～5:1

2. 季节性农耕技术模式设计

为提升土地利用效率，减少面源污染物输出，可沿等高线以细沟发育临界顺坡坡长为间隔，横向设置新型截水沟，以拦截上坡径流、泥沙与养分。截水沟两端配套过滤带和沉沙池以过滤和沉淀泥沙，经沉沙后的径流流入蓄水池，蓄水池蓄满后，多余径流沿纵向配置的排水沟向下级蓄水池排导，最后在排入长江前设置污染物净化处理措施，保障入江水质安全，实现兼顾水土流失与面源污染治理的双重目标。季节性农耕技术模式土地合理利用设计方案如图8-10、图8-11所示。

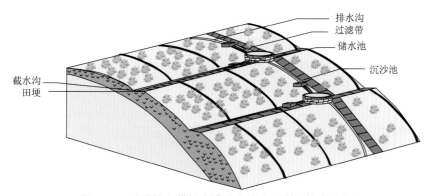

图 8-10　季节性农耕技术模式土地合理利用技术方案

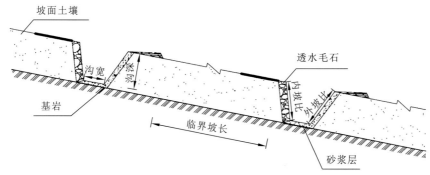

图 8-11　季节性农耕技术模式土地合理利用截排水沟设计示意图

1）临界坡长

临界坡长设计如图 8-11 所示。

2）坡面水系

参照《水土保持综合治理　技术规范　小型蓄排引水工程》（GB/T 16453.4—2008）中常规截水沟的设计，对半透型截水沟断面进行设计。

（1）截水沟容积 V 公式如下

$$V=k(V_w+V_s) \tag{8-4}$$

式中：k 为安全系数，取 1.2～1.3；V_w 为汇流面积内 10 年一遇 24 h 最大降雨量产生的径流量，m^3；V_s 为土壤侵蚀量，m^3。

（2）截水沟断面面积 A 公式如下

$$A=V/L \tag{8-5}$$

式中：L 为截水沟的长度，m。

（3）截水沟断面设计。根据设计频率暴雨坡面汇流洪峰流量，按照明渠均匀流公式，可计算截水沟断面尺寸。

$$A=\frac{1}{2}\frac{Q}{C}(Ri)L \tag{8-6}$$

式中：Q 为设计坡面汇流洪峰流量，m^3/s，常采用区域性经验公式；C 为谢才系数；R

为水力半径，m；i 为截水沟沟底比降。

（4）排水沟和沉沙池的尺寸及建筑物设计，须考虑当地防御暴雨标准，可取 10 年一遇 24 h 最大降雨量，并参考《水土保持综合治理 技术规范 小型蓄排引水工程》（GB/T 16453.4—2008）。

（5）排水沟和沉沙池的大小由来水量决定，来水量可参照公式（8-4）计算所需容积，排水沟形状和断面尺寸可根据截水沟的设计确定尺寸。

（6）地头、地边沉沙池，一般长 1 m，宽 0.8 m，深 0.8 m；进入蓄水池前的沉沙池，一般比沟渠宽 1～2 倍，比沟渠深 1 m 以上，长 1.5～2 m。

其他措施典型设计如图 8-12 所示。

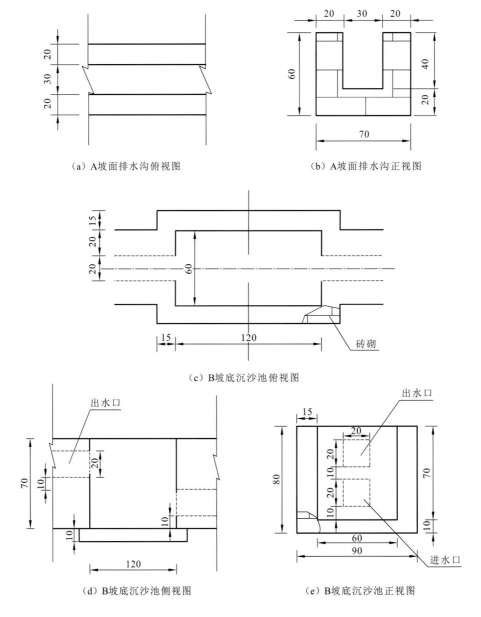

（a）A坡面排水沟俯视图　　　　　　　　　　（b）A坡面排水沟正视图

（c）B坡底沉沙池俯视图

（d）B坡底沉沙池侧视图　　　　　　　　　　（e）B坡底沉沙池正视图

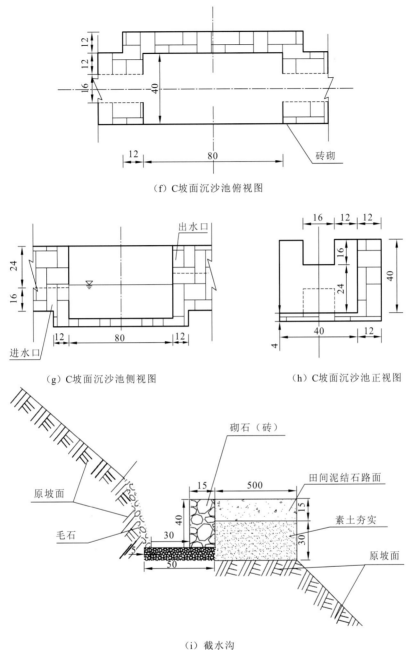

（f）C坡面沉沙池俯视图

（g）C坡面沉沙池侧视图

（h）C坡面沉沙池正视图

（i）截水沟

图 8-12　季节性农耕技术模式措施典型设计图（单位：cm）

3. 复合生态修复利用模式设计

采用乔灌草相结合、以灌草为主、间配湿地、分段治理的总原则，根据不同高程区域进行消落带植物配置。依据研究结果，利用植物筛选技术优选出适合在消落带生长的乔木、灌木、草本和湿地植物。随后通过植物配置技术和土地利用类型优化布局，以高程为基准，将湿地、林地和草地在消落带垂直结构中组合。自上而下的乔灌草立体混交、人工湿地镶嵌、乡土草本自然恢复的梯级消落带湿地生态修复模式土地合理利用技术模式，如图 8-13 所示。

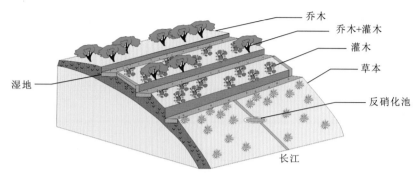

图 8-13　复合生态修复利用模式土地合理利用技术方案

1）乔木区

乔木区位于高程>170～175 m 区域，配置植物为垂柳；水平沟整地，规格为 0.3 m× 0.2 m。苗木规格：乔木胸径 3.5～4.0 dm；株行距乔木：5 m×5 m；带状种植。坡面配置坡面水系，根据临界坡长设置截排水沟。

2）乔灌混交区

乔灌混交区位于高程>165～170 m 区域，配置植物乔木为落羽杉和中山杉，灌木为桑树；整地方式为水平沟整地，规格为 0.3 m×0.2 m。苗木规格：乔木胸径 3.5～4.0 dm，灌木地径 2 dm 以上，冠幅 30 dm 以上。造林季节：春季。株行距：乔木：4 m×4 m，灌木：4 m×4 m。乔木 1：灌木 1：乔木 2，1:1:1 带状混交种植。坡面配置坡面水系，根据临界坡长设置截排水沟。

3）草本区

草本区位于高程 165 m 以下区域，所述草本区配置植物为狗牙根。草本区无须整地，按 30～150 g/m² 均匀泼洒狗牙根种子。坡面配置坡面水系，根据临界坡长设置截排水沟。

4）湿地

湿地位于高程>165～175 m 区域，分布于乔木区与乔灌混交区，按现有地形、临界坡长与土地利用特点在避免死水区和回水区的条件下因地制宜串联布设，湿地内种植太空飞天荷花、荸荠、慈姑、茭白、水生美人蕉、蕹菜、水芹等水生植物。人工湿地设计表面积可根据化学需氧量、污染物负荷和表面水力负荷计算，取上述结果最大值，同时满足水力停留时间要求设计标准。设计标准如表 8-4 所示。

表 8-4　湿地模式设计参数

项目		设计参数
水力停留时间/天		2～7
表面水力负荷/[m³/（m²·d）]		0.02～0.1
污染物负荷/[g/（m²·d）]	BOD$_5$	1.8～5
	COD$_{Cr}$	2～8
	TN	0.5～1.0
	TP	0.05～0.08
	SS	3～7
床体深度/m		0.1～0.6
长宽比		—
地坡		0.1～0.2

8.2　典型示范区设计

8.2.1　示范区选址

从 2018 年 3 月起，分别在重庆市奉节县梅溪河流域、忠县汝溪河流域、涪陵长江主航道和忠县长江主航道边进行实地考察，综合考虑示范区面积、坡度变化、土地权属及示范内容连续性等因素，经过与重庆市林业局、镇农村服务中心及村委会的两次座谈与协商，最终将忠县复兴镇凤凰村长江主航道东岸地区确定为试验示范基地，如图 8-14 所示。

基地位于北纬 30°13′31″，东经 108°8′47″，总建设面积约 330 亩，消落带土地合理利用和生态恢复示范核心区 100 亩。原有土地利用现状以经济林（柑橘）、农田、林地、草地和居民用地为主，其中消落带以草地和农田居多，主要农作物包括水稻、玉米、大豆等。整片区域各类土地利用类型中，农田的面积（包括消落带和非消落带）约 100 亩，柑橘林区约 170 亩，消落带边缘林地约 83 亩，零星分布居民建设用地 12 亩，自然草本恢复区 100 亩。试验示范基地建立前土地利用原状如图 8-14 所示。主要建设单位包括长江水利委员会长江科学院、重庆市林业科学研究院、中国林业科学研究院和忠县林业局等。

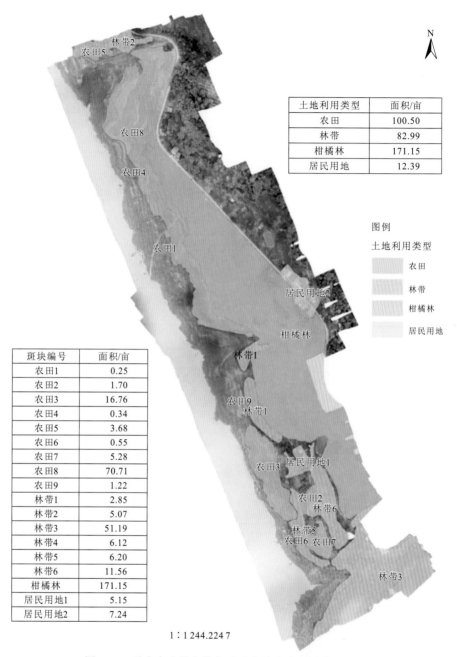

土地利用类型	面积/亩
农田	100.50
林带	82.99
柑橘林	171.15
居民用地	12.39

图例
土地利用类型
农田
林带
柑橘林
居民用地

斑块编号	面积/亩
农田1	0.25
农田2	1.70
农田3	16.76
农田4	0.34
农田5	3.68
农田6	0.55
农田7	5.28
农田8	70.71
农田9	1.22
林带1	2.85
林带2	5.07
林带3	51.19
林带4	6.12
林带5	6.20
林带6	11.56
柑橘林	171.15
居民用地1	5.15
居民用地2	7.24

1:1 244.224 7

图 8-14　重庆市忠县皇华岛试验基地土地利用类型原状图
草地、林带 4 被水体淹没，无法在图中显示

8.2.2　示范区技术设计

1. 示范区总体设计

试验示范基地确定后，2018 年 7 月，由长江水利委员会长江科学院联合重庆市林业

科学研究院借助无人机对三峡水库枯水期示范基地土地利用现状进行调查，并绘制完成航拍图及土地利用现状图，9 月完成基地标志牌制作和安装工作。通过调研分析，初步确定示范区分为 6 个示范区域，具体设计方案见图 8-15。

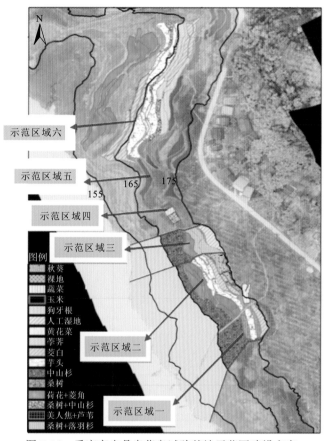

图 8-15　重庆市忠县皇华岛试验基地示范区建设方案

　　示范区域一为生态修复、水田土地合理示范区，主要是沿 175 m 等高线，柑橘园下方水田建设人工湿地，拦截上方来水、来沙和污染物，人工湿地以种植美人蕉、芦苇为主，人工湿地坡下方水田结构调整，种植茭白、芋头等经济作物，其间的耕地采用植被配置技术，沿等高线依次种植桑树、落羽杉、中山杉。等高线 165 m 以下区域以种植草本为主，主要包括狗牙根、苍耳等。

　　示范区域二为生态修复、土地合理利用综合示范区，在耕地上种植黄花菜（*Hemerocallis citrina*）、秋葵等作物，基塘以茭白、芋头、荷花、菱角为主，沿坡面下方生态恢复，以种植中山杉、狗牙根、苍耳等植物为主，达到生态修复、土地合理利用的效果同时可以增加农民收入。

　　示范区域三为生态修复示范区，通过植物筛选技术和植物配置技术，在基地内种植适合的植被，在原有植被基础上构建乔、灌、草、基塘立体型群落，恢复消落带生态系统，主要选定乔木树种包括中山杉、落羽杉、柳树等，灌木以桑树为主，草本主要包括狗牙根、苍耳等，基塘植物包括莲藕、菱角等经济作物及芦苇、香蒲（*Typha orientalis*）等湿地植物。

示范区域四为坡耕地径流小区观测示范区，在坡耕地上修建玉米、蔬菜、秋葵、裸地4个径流小区，定期观测4种土地利用的生态经济效益。

示范区域五为原生对照区，保存现有土地利用结构，作为其他示范区的对照区。

示范区域六为水田合理利用示范区，此区域水田比重大，通过水田土地利用结构调整，起到水田合理利用、减少面源污染、增加农民收入等作用，作物主要是茭白、芋头、荸荠、荷花、菱角等水生作物。

2. 示范区植被配置

1）植被选择

筛选消落带适生植物是消落带植被建设的基础。植物选择的根本原则是汛期耐淹、枯水期速生。包括：①短期内生长迅速、旺盛，短期内能生长成熟并接受没顶淹水；②根系发达、茎叶强劲，在淹水缺氧的条件下能承受最高 30 m 的水压；③自我修复能力强，一旦露出水面能迅速发芽返青；④分蘖繁殖能力强、覆盖迅速，短期内能有效地对消落带进行生态防护。根据消落带不同高程选择植被搭配种类（图 8-16）。

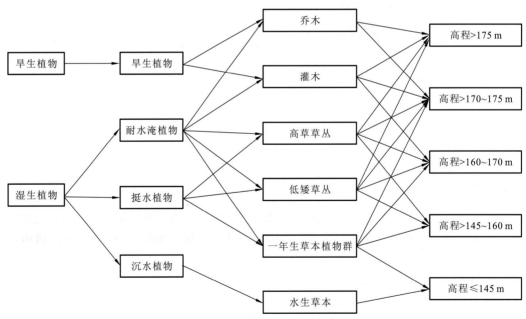

图 8-16　试验示范基地主要植被搭配模式

通过前期的研究结果、资料整理、消落带治理工程考察调研及本示范地野外调查，选择乔木、灌木、草本和水生类型的主要植被：①常年浸水区：竹叶眼子菜（*Potamogeton malaianus*）、狐尾藻（*Myriophyllum verticillatum*）、黑藻（*Hydrilla verticillata*）、苦草（*Vallisneria natans*）、金鱼藻（*Ceratophyllum demersum*）、菹草（*Potamogeton crispus*）

等；②基塘湿生种植区：美人蕉、千屈菜（*Lythrum salicaria*）、香蒲、芦苇、黄花鸢尾（*Iris wilsonii*）、蓝花鸢尾（*Iris oxypetala*）、茭白、莲藕、芋头、菱角等；③草本恢复区：狗牙根、牛鞭草、苍耳、双穗雀稗、野青茅等；④灌木种植区：桑、柳；⑤乔木种植区：中山杉、落羽杉、垂柳、湿地松。

2）植被配置

现行试验示范不同高程植被配置模式如图 8-17 所示。高程 175 m 以上区域为非消落带区，主要以经济林柑橘和农田为主，拟开展面源污染景观控制技术研究。高程>173～175 m 区域开展乔灌草立体混交及基塘镶嵌模式，分别选取阔叶类的柳树和针叶类的中山杉作为乔木混交层、种植桑树为灌木层、自然恢复乡土草本植物为草本层，将原有水田通过挖泥和筑垄的方式改造为基塘，建立入水渠道和排水渠道，其内种植莲藕、菱角、芋头、茭白、香蒲、美人蕉、千屈菜等植物。为配合水库枯水期面源污染控制，林地及基塘的入水口为经济林或农田排水口，并设置监测采样点，在该层林地和基塘的出水口也设置监测采样点，以监测水体通过林地和基塘后营养物质削减效益。

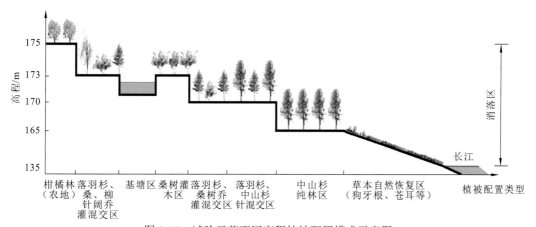

图 8-17　试验示范不同高程植被配置模式示意图

高程>170～173 m 区域以乔灌草混交和乔木混交模式为主，选取相对于柳树更为耐淹的落羽杉和中山杉作为乔木层，桑树为灌木层。在高程较高的区域设置落羽杉桑树乔灌混交林，在高程较低区域设置落羽杉中山杉针叶混交林；高程>165～170 m 区域设置可接受全淹的中山杉和落羽杉乔木林，草本为本地乡土物种狗牙根。于 3 月中下旬库区水位下降以后立即开始种植，保证在当年 9 月底开始蓄水时已完成根系发育，确保中山杉和落羽杉被淹后休眠期的活力；高程 165 m 以下区域至长江水体水面区域以乡土草本自然恢复为主，物种以狗牙根和苍耳为主，减少人为的干扰，可进行适当的抚育确保其覆盖度。

3. 示范区建设与维护

2019 年 4 月上旬，随着三峡库区水位的持续下降，三峡水库消落带生态恢复与土地合理利用技术与示范课题组（简称"课题组"）开展了示范地的建设工作，如图 8-18 所示。4 月上旬～5 月期间，共完成试验示范区 3 块人工湿地，9 块水田和 13 块旱地的整地工作，修建消落带水土流失监测径流场 4 块。

（a）整地   （b）筑垄

（c）修建径流场   （d）种植中山杉

（e）种植香蒲   （f）种植美人蕉

图 8-18 部分示范区建设过程图

随后每年 3 月下旬～4 月，随着三峡库区水位的持续下降，课题组开展每年度的示范地的建设工作。三峡库区水位下降后，消落带基塘需要重新整地和打田埂，同时清理退水后残留的垃圾。根据植物筛选技术和植物配置模式，栽植和补植中山杉、落羽杉、桑、柳、藕、茭白、芋头、菱角、美人蕉、香蒲、千屈菜等。经统计发现，每年退水后约有 90%的中山杉成活并发出新芽（图 8-19），70%落羽杉成活（图 8-20），表明消落带中山杉耐淹性强于落羽杉。此外，退水后，消落带的径流场和反硝化墙均保持完好（图 8-21）。5～9 月，开展示范地土样和水样的采集，以及除草等管理维护工作（图 8-22～图 8-25）。

图 8-19　示范区消落带植被监测（退水后 90%中山杉成活并发出新芽）

图 8-20　示范区消落带植被监测（退水后 70%落羽杉成活并发出新芽）

（a）径流场　　　　　　　　　　　　　　（b）反硝化墙

图 8-21　示范区消落带设施监测（径流场和反硝化墙均保持完好）

（a）补植落羽杉　　　　　　　　　　　　　　（b）栽植藕

（c）栽植茭白　　　　　　　　　　　　　　（d）栽植芋头

图 8-22　示范区消落带维护管理（基地植被栽植、补植）

图 8-23　示范区消落带维护管理（除草）

（a）径流场栽植落羽杉　　　　　　　　　　（b）径流场栽植玉米

（c）径流场栽植花生　　　　　　　　　　　（d）径流场栽植红苕

图 8-24　示范区消落带维护管理（坡面径流场对照植被栽植）

图 8-25 示范区基塘及林带不同出水口取样

8.2.3 典型示范区效益分析

1. 基地建设成效

示范基地建设前土地利用状况如图 8-26 所示，其中农田 100.50 亩，田埂等自然植被地带 82.99 亩，园地 171.15 亩，零星建筑用地 12.39 亩，消落带主要以水田和旱地种植利用为主，水位线 155 m 以下区域未利用，以草本自然恢复为主。经过三年的建设，已经形成园地边生物绿篱、中山杉-柳-草本林带针阔混交模式（图 8-27）、中山杉-桑-草

图 8-26 示范基地核心区建设前土地利用状况

本林带乔灌草模式、落羽杉-桑-草对照林带乔灌草模式、中山杉纯林带模式、落羽杉纯林带模式和美人蕉、香蒲、千屈菜、莲藕、茭白、芋头、菱角人工湿地（基塘）（图 8-28）等植被配置模式的消落带生态恢复与土地合理利用技术的试验示范基地。同时还建成落羽杉-草本模式、玉米作物模式、大豆作物模式、红苕作物模式的坡面径流场，监测不同种植模式下消落带水土流失状况。设置居民地和园地面源污染水体在消落带生态恢复带的流动路径，形成"输入-停留-输出"模式，监测其消解面源污染的能力。示范基地建成后，核心区植被配置模式空间布局如图 8-29 所示。

图 8-27　中山杉-柳-草本林带针阔混交模式

图 8-28　针叶林带（中山杉）-人工湿地（基塘）模式

图 8-29　示范基地核心区植被配置模式空间布局

通过三年的建设，试验示范地植被配置模式初具规模（图 8-30），示范区生态效益良好，退水后 90%中山杉成活并发出新芽，示范区整体植被覆盖率达 60%以上，边坡整治率达 30%以上，主要包括：不同水生观赏和经济作物的人工湿地/基塘，不同高程的植被配置模式（图 8-31）。不同模式间设置水体"输入-停留-输出"路径（图 8-32），以消解消落带以上地区面源污染水体营养物质。

图 8-30　核心示范区全景图

（a）人工湿地（藕）　　　　　　　　　　（b）人工湿地（美人蕉）

（c）人工湿地（香蒲）　　　　　　　　　（d）人工湿地（芋头）

（e）人工湿地（茭白）　　　　　　　　　（f）人工湿地（菱角）

（g）不同高程植被配置模式　　　　（h）消落带生态恢复（草本自然恢复模式）

图 8-31　示范区生态修复情景图

图 8-32　不同模式间水体流动通道

2. 面源污染削减成效

　　试验示范基地建成后，随即对其面源污染削减效益展开研究。2020 年 4～10 月共计监测 10 次。在示范区域四坡耕地径流小区内种植玉米、大豆、花生等三峡库区常见农作物，自然降雨面源污染物输出统计结果见图 8-33。

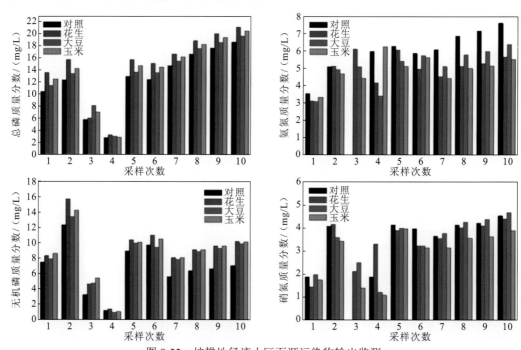

图 8-33　坡耕地径流小区面源污染物输出监测

　　以对照试验为基准将其归一化后，统计数据见图 8-34。由图 8-34 可知，在自然降雨时不同土地利用坡耕地径流小区污染物输出差异较大，种植花生区域总磷和无机磷输出较多，而对于氨氮和硝氮而言对照组具有最高的输出浓度。与对照组相比，采用花生、大豆和玉米土地利用方式，总氮输出分别减少 12%、12% 和 13%。

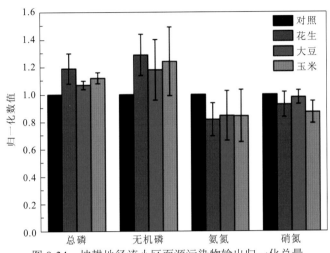

图 8-34　坡耕地径流小区面源污染物输出归一化总量

监测降雨后不同流量下梯级湿地系统对面源污染物的削减效果，其结果如表 8-5 和表 8-6 所示。湿地进水面源污染物中氮以硝态氮为主、磷以无机磷为主，呈中性；梯级湿地对面源污染物的消减效果受进水水质、进水流量和底泥背景的共同影响。降雨过后湿地对面源污染物的消减以吸附为主，对水 pH 基本无影响。一般情况下，流量越小，消减效果越好。出水水质阈值，受底泥背景影响，达到阈值后不再削减，当进水水质水氮、磷含量较低情况下，湿地底泥中 N、P 有溶出风险。以第一梯级为例，湿地进水总磷<5.2 mg/L 时，出水总磷会升高；湿地消减氮以硝态氮为主，消减磷以无机磷为主。反硝化池对磷无消减效果，对硝态氮有较好去除效果。梯级湿地对总氮消减可达 40%，总磷可达 28%。

表 8-5　不同流量下梯级湿地面源污染物消减效果

流量	指标	梯级一（美人蕉湿地）		梯级二（菱角湿地）		梯级三（反硝化池）	
		进口	出口	进口	出口	进口	出口
底泥背景	pH	7.24	7.24	7.13	7.13	—	—
	氨氮/（mg/kg）	8.64	8.64	3.23	3.23	—	—
	硝氮/（mg/kg）	38.7	38.7	23.4	23.4	—	—
	总氮/（g/kg）	1.14	1.14	0.82	0.82	—	—
	总磷/（g/kg）	2.05	2.05	0.86	0.86	—	—
	无机磷/（mg/kg）	127.6	127.6	25.4	25.4	—	—
1.69 L/s	总氮/（mg/L）	8.46	7.56	7.56	5.32	5.32	4.98
	氨氮/（mg/L）	0.55	0.59	0.59	0.53	0.53	0.56
	硝氮/（mg/L）	6.49	5.47	5.47	3.18	3.18	2.72

流量	指标	梯级一（美人蕉湿地）		梯级二（菱角湿地）		梯级三（反硝化池）	
		进口	出口	进口	出口	进口	出口
1.69 L/s	总磷/（mg/L）	5.32	5.35	5.35	4.02	4.02	3.87
	无机磷/（mg/L）	4.89	4.76	4.76	3.39	3.39	3.53
1.63 L/s	总氮/（mg/L）	7.96	6.87	6.87	5.42	5.42	5.03
	氨氮/（mg/L）	0.44	0.48	0.48	0.44	0.44	0.49
	硝氮/（mg/L）	5.72	4.81	4.81	2.95	2.95	2.45
	总磷/（mg/L）	5.45	5.12	5.12	3.46	3.46	3.64
	无机磷/（mg/L）	4.91	4.51	4.51	3.08	3.08	3.13
0.46 L/s	总氮/（mg/L）	9.69	7.21	7.21	6.54	6.54	5.03
	氨氮/（mg/L）	0.59	0.64	0.64	0.53	0.53	0.58
	硝氮/（mg/L）	6.82	4.78	4.78	2.95	2.95	2.47
	总磷/（mg/L）	5.16	5.28	5.28	3.98	3.98	3.73
	无机磷/（mg/L）	4.54	4.27	4.27	3.62	3.62	3.58
0.44 L/s	总氮/（mg/L）	9.36	6.12	6.12	5.24	5.24	4.56
	氨氮/（mg/L）	0.30	0.36	0.36	0.33	0.33	0.34
	硝氮/（mg/L）	6.97	4.32	4.32	3.16	3.16	2.56
	总磷/（mg/L）	4.87	5.20	5.20	3.20	3.20	3.74
	无机磷/（mg/L）	4.71	4.76	4.76	2.91	2.91	3.13
0.17 L/s	总氮/（mg/L）	8.46	7.56	7.56	5.32	5.32	4.98
	氨氮/（mg/L）	0.55	0.59	0.59	0.53	0.53	0.56
	硝氮/（mg/L）	6.49	5.47	5.47	3.18	3.18	2.72
	总磷/（mg/L）	5.32	5.35	5.35	4.02	4.02	3.87
	无机磷/（mg/L）	4.89	4.76	4.76	3.39	3.39	3.53
0.16 L/s	总氮/（mg/L）	7.96	6.87	6.87	5.42	5.42	5.03
	氨氮/（mg/L）	0.44	0.48	0.48	0.44	0.44	0.49
	硝氮/（mg/L）	5.72	4.81	4.81	2.95	2.95	2.45
	总磷/（mg/L）	5.45	5.12	5.12	3.46	3.46	3.64
	无机磷/（mg/L）	4.91	4.51	4.51	3.08	3.08	3.13

表 8-6 各梯级湿地对面源污染物总体消减率

对比项目	梯级 1	梯级 2	梯级 3
利用类型	湿地	湿地	反硝化池
植被组成	美人蕉	菱角	反硝化池
硝氮消减率/%	21.8±8.8	35.6±5.1	16.2±2.5
总氮消减率/%	18.1±8.9	20.8±7.4	10.5±6.1
总磷消减率/%	3.1±4.5	29.5±5.2	2.2±4.9
无机磷消减率/%	4.4±3.3	29.1±7.1	-2.9±2.7

8.3 本 章 小 结

本章通过试验明确三峡库区消落带生态修复关键参数，以此为基础对三峡库区消落带典型生态修复模式进行优化设计。在重庆市忠县凤凰镇长江主航道东岸地区选定示范区，对相应技术模式展开技术示范，建立核心示范区，形成良好生态修复与面源污染拦截效果，具体研究结论如下。

（1）细沟侵蚀是坡面土壤侵蚀的主要形式之一，细沟形成是坡面侵蚀量加剧的重要标志，侵蚀细沟形成时的临界坡长是消落带生态修复与土地利用相关参数设计的关键指标。临界坡长受坡度和降雨强度共同影响，坡度越大、降雨强度越大，临界坡长越小。在三峡库区典型土壤类型试验中，坡度 15°、降雨强度 3.5 mm/min 试验条件下，临界坡长最小为 2.8 m。

（2）针对基塘/湿地模式、季节性农耕技术模式、复合生态修复利用模式进行优化设计，量化相关技术参数，并在重庆市忠县凤凰镇长江主航道东岸建立约 330 亩的消落带土地合理利用和生态恢复示范区，建立约 100 亩的生态修复、水田土地合理示范区、生态修复、土地合理利用综合示范区、生态修复示范区、坡耕地径流小区观测示范区、原生对照区、水田合理利用示范区六大核心示范区。

（3）已经形成园地边生物绿篱、中山杉-柳-草本林带针阔混模式、中山杉-桑-草本林带乔灌草模式、落羽杉-桑-草对照林带乔灌草模式、中山杉纯林带模式、落羽杉纯林带模式和美人蕉、香蒲、千屈菜、莲藕、茭白、芋头、菱角人工湿地（基塘）等植被配置模式的消落带生态恢复与土地合理利用技术的试验示范基地。同时还建成落羽杉-草本模式、玉米作物模式、大豆作物模式、红苕作物模式的坡面径流场，监测不同种植模式下消落带水土流失状况。设置居民地和园地面源污染水体在消落带生态恢复带的流动路径，形成"输入-停留-输出"模式。示范区综合示范效益显著，土地整治率达到 30%，乔木成活率达到 90%，植被覆盖率 60%，总体总氮削减率 40%，总磷削减率 28%。

参 考 文 献

艾丽皎, 2013. 南川柳对三峡消落带干湿交替环境的生理生态响应研究[D]. 南京: 南京林业大学.

艾丽皎, 吴志能, 张银龙, 2013. 水体消落带国内外研究综述[J]. 生态科学, 32(2): 259-264.

白林利, 韩文娇, 李昌晓, 2015. 模拟水淹对水杉苗木生长与生理生化特性的影响[J]. 浙江大学学报(农业与生命科学版), 41(5): 505-515.

白祯, 黄建国, 2011. 三峡库区护岸林主要树种的耐湿性和营养特性[J]. 贵州农业科学, 39(6): 166-169.

鲍玉海, 唐强, 高银超, 2010. 水库消落带消浪植生型生态护坡技术应用[J]. 中国水土保持(10): 37-39.

鲍玉海, 贺秀斌, 钟荣华, 等, 2014. 三峡水库消落带植被重建途径及其固土护岸效应[J]. 水土保持研究, 21(6): 171-174, 180.

蔡蕊, 毛子一, 骆木明, 等, 2021. 浅谈三峡库区消落带植物景观营造方法[J]. 现代农业研究, 27(1): 33-34.

陈芳清, 郭成圆, 王传华, 等, 2008. 水淹对秋华柳幼苗生理生态特征的影响[J]. 应用生态学报, 19(6): 1229-1233.

陈海生, 黄志强, 冯伟荣, 2013. 山地水库消落带植物枫杨耐淹性研究[J]. 安徽农学通报, 19(16): 103, 106.

陈秀铜, 李璐, 2011. 基于 AHP-FUZZY 方法的锦屏一级水库生态系统服务功能综合评价[J]. 长江流域资源与环境, 20(1): 107-110.

程瑞梅, 王晓荣, 肖文发, 等, 2009. 三峡水库消落带水淹初期土壤物理性质及金属含量初探[J]. 水土保持学报, 23(5): 156-161.

程瑞梅, 王晓荣, 肖文发, 等, 2010. 消落带研究进展[J]. 林业科学, 46(4): 111-119.

储立民, 常超, 谢宗强, 等, 2011. 三峡水库蓄水对消落带土壤重金属的影响[J]. 土壤学报, 48(1): 192-196.

邓斌, 陈邦群, 郑巍伟, 等, 2013. 香根草双层加筋复合植被柔性板块技术在三峡库区消落带防护工程中的应用[J]. 交通科技, 259(4): 144-146.

邓聪, 2010. 三峡水库消落带景观格局特征及时空演变研究[D]. 重庆: 西南大学.

刁承泰, 黄京鸿, 1999. 三峡水库水位涨落带土地资源的初步研究[J]. 长江流域资源与环境, 8(1): 75-80.

窦文清, 贾伟涛, 张久红, 等, 2023. 三峡水库消落带植被现状、适生策略及生态修复研究进展[J]. 生态学杂志, 42(1): 208-218.

杜立刚, 方芳, 郭劲松, 等, 2012. 三峡库区城市消落带生态规划与保护探讨[J]. 长江流域资源与环境, 21(6): 726-731.

樊大勇, 熊高明, 张爱英, 等, 2015. 三峡库区水位调度对消落带生态修复中物种筛选实践的影响[J]. 植物生态学报, 39(4): 416-432.

范小华, 谢德体, 魏朝富, 2006. 三峡水库消落区生态环境保护与调控对策研究[J]. 长江流域资源与环境, 15(4): 495-501.

冯大兰, 刘芸, 黄建国, 等, 2009. 三峡库区消落带芦苇穗期光合生理特性研究[J]. 水生生物学报, 33(5): 866-873.

冯义龙, 先旭东, 2012a. 五种禾草植物长期淹水后生长恢复情况初步观察[J]. 南方农业, 6(4): 18-21.

冯义龙, 先旭东, 2012b. 优良湿地乔木: 南川柳[J]. 南方农业, 6(9): 49.

甘丽萍, 杨玲, 李豪, 等, 2020. 三峡水库消落带狗牙根与桑树淹没后的恢复机制[J]. 中国水土保持科学, 18(5): 60-68.

郭燕, 杨邵, 沈雅飞, 等, 2018. 三峡库区消落带现存草本植物组成与生态位[J]. 应用生态学报, 29(11): 3559-3568.

郭燕, 程瑞梅, 肖文发, 等, 2019a. 三峡库区消落带土壤化学性质年际变化特征[J]. 林业科学, 55(4): 22-30.

郭燕, 杨邵, 沈雅飞, 等, 2019b. 三峡水库消落带现存植物自然分布特征与群落物种多样性研究[J]. 生态学报, 39(12): 4255-4265.

郭燕, 沈雅飞, 程瑞梅, 等, 2021. 水淹持续胁迫对湿地松光合特性及生理生化的影响[J]. 林业科学研究, 34(2): 141-148.

韩文娇, 李昌晓, 王朝英, 等, 2016. 前期水淹对牛鞭草营养元素质量分数响应后期干旱胁迫的影响[J]. 西南大学学报(自然科学版), 38(10): 17-27.

贺秀斌, 鲍玉海, 2019. 三峡水库消落带土壤侵蚀与生态重建研究进展[J]. 中国水土保持科学, 17(4): 160-168.

贺秀斌, 谢宗强, 南宏伟, 等, 2007. 三峡库区消落带植被修复与蚕桑生态经济发展模式[J]. 科技导报(23): 59-63.

黄京鸿, 1994. 三峡水库水位涨落带的土地资源及其开发利用[J]. 西南师范大学学报(自然科学版), 19(5): 528-533.

黄世友, 马立辉, 方文, 等, 2013. 三峡库区消落带植被重建与生态修复技术研究[J]. 西南林业大学学报, 33(3): 74-78.

简尊吉, 郭泉水, 马凡强, 等, 2020. 生态袋护坡技术在三峡水库消落带植被恢复中应用的可行性研究[J]. 生态学报, 40(21): 7941-7951.

雷波, 杨春华, 杨三明, 等, 2012. 基于GIS的长江三峡水库消落带生态类型划分及其特征[J]. 生态学杂志, 31(8): 2082-2090.

李昌晓, 耿养会, 叶兵, 等, 2010. 落羽杉与池杉幼苗对多种胁迫环境的响应及其对三峡库区库岸防护林营建的启示(英文)[J]. 林业科学, 46(10): 144-152.

李儒海, 强胜, 2007. 杂草种子传播研究进展[J]. 生态学报, 27(12): 5361-5370.

李姗泽, 陈铭, 王雨春, 等, 2020. 近10年来三峡消落带土壤氮、磷时空分布特征研究[J]. 环境科学研究, 33(11): 2448-2457.

李娅, 2008. 水淹对三峡库区岸生植物秋华柳和野古草存活和恢复生长的影响[D]. 重庆: 西南大学.

刘斌, 邵东国, 刘刚, 2000. 水库消落区土地利用优化方法研究[J]. 武汉水利电力大学学报, 33(2): 34-36.

刘菲, 2011. 三峡库区坡面泥石流形成机制[D]. 重庆: 重庆交通大学.

刘明辉, 谢婷婷, 袁中勋, 等, 2020. 三峡水库消落带适生树种落羽杉(Taxodium distichum)叶片-细根碳/

氮/磷生态化学计量特征[J]. 湖泊科学, 32(6): 1806-1816.

刘维暐, 杨帆, 王杰, 等, 2011. 三峡水库干流和库湾消落区植被物种动态分布研究[J]. 植物科学学报, 29(3): 296-306.

刘祥梅, 2007. 三峡库区的气候评价及近54年来的气候变化[D]. 重庆: 西南大学.

刘晓, 2009. 基于3S技术三峡库区生态风险评价及管理研究[D]. 重庆: 重庆师范大学.

刘旭, 程瑞梅, 郭泉水, 等, 2008. 香附子对不同土壤水分梯度的适应性研究[J]. 长江流域资源与环境, 17(S1): 60-65.

刘云峰, 2005. 三峡水库库岸生态环境治理对策初探[J]. 重庆工学院学报, 19(11): 79-82.

刘泽彬, 2014. 三峡水库消落带两种植物对淹水环境适应性的模拟研究[D]. 北京: 中国林业科学研究院.

刘泽彬, 程瑞梅, 肖文发, 等, 2013. 淹水对三峡库区消落带香附子生长及光合特性的影响[J]. 生态学杂志, 32(8): 2015-2022.

刘泽彬, 程瑞梅, 肖文发, 等, 2016. 中华蚊母树(*Distylium chinense*)幼苗对秋、冬季淹水的生长及生理响应[J]. 湖泊科学, 28(2): 405-413.

卢德彬, 2012. 三峡库区消落带生态系统服务功能价值研究[D]. 重庆: 西南大学.

卢志军, 江明喜, 2012. 三峡库区消涨带植被恢复策略[J]. 重庆师范大学学报(自然科学版), 29(3): 27-30.

罗芳丽, 王玲, 曾波, 等, 2006. 三峡库区岸生植物野古草(*Arundinella anomala Steud*)光合作用对水淹的响应[J]. 生态学报, 26(11): 3602-3609.

罗美娟, 崔丽娟, 张守攻, 等, 2012. 淹水胁迫对桐花树幼苗水分和矿质元素的影响[J]. 福建林学院学报, 32(4): 336-340.

罗文泊, 谢永宏, 宋凤斌, 2007. 洪水条件下湿地植物的生存策略[J]. 生态学杂志, 26(9): 1478-1485.

马利民, 唐燕萍, 张明, 等, 2009. 三峡库区消落带几种两栖植物的适生性评价[J]. 生态学报, 29(4): 1885-1892.

马文超, 刘媛, 周翠, 等, 2017. 水位变化对三峡库区消落带落羽杉营养特征的影响[J]. 生态学报, 37(4): 1128-1136.

穆建平, 2012. 三峡库区消落带植被的生态学研究[D]. 重庆: 重庆大学.

潘晓洁, 万成炎, 张志永, 等, 2015. 三峡水库消落区的保护与生态修复[J]. 人民长江, 2015, 46(19): 90-96.

裴得道, 许文年, 郑江英, 等, 2008. 水库消落带植被混凝土抗侵蚀性能研究[J]. 三峡大学学报(自然科学版), 30(6): 45-47.

阮宇, 胡景涛, 肖国生, 等, 2022. 中山杉功能性状适应三峡库区消落带研究[J]. 生态学报, 42(7): 2921-2930.

史作民, 唐敬超, 程瑞梅, 等, 2015. 植物叶片氮分配及其影响因子研究进展[J]. 生态学报, 35(18): 5909-5919.

舒乔生, 谢立亚, 侯新, 2014. 水库消落带植被生态重建研究进展[J]. 绿色科技, 16(10): 6-8.

宋永昌, 2011. 对中国植被分类系统的认知和建议[J]. 植物生态学报, 35(8): 882-892.

苏维词, 张军以, 2010. 河道型消落带生态环境问题及其防治对策: 以三峡库区重庆段为例[J]. 中国岩溶, 29(4): 445-450.

苏维词, 杨华, 赵纯勇, 等, 2005. 三峡库区(重庆段)涨落带土地资源的开发利用模式初探[J]. 自然资源学报, 20(3): 326-332, 479.

孙鹏飞, 沈雅飞, 王丽君, 等, 2020. 三峡库区秭归段水位消落带草本植物多样性分析[J]. 林业科学研究, 33(6): 96-104.

谭淑端, 王勇, 张全发, 2008. 三峡水库消落带生态环境问题及综合防治[J]. 长江流域资源与环境, 17(Z1): 101-105.

涂建军, 陈治谏, 陈国阶, 等, 2002. 三峡库区消落带土地整理利用: 以重庆市开县为例[J]. 山地学报, 20(6): 712-717.

王朝英, 2013. 中华蚊母对水分胁迫的生长及生理生化响应[M]. 重庆: 西南大学.

王大菊, 卫海燕, 贺敏, 等, 2020. 基于土地利用的三峡库区生态系统服务价值时空格局分析[J]. 长江流域资源与环境, 29(1): 90-100.

王海锋, 曾波, 乔普, 等, 2008. 长期水淹条件下香根草(Vetiveria zizanioides)、菖蒲(Acorus calamus)和空心莲子草(Alternanthera philoxeroides)的存活及生长响应[J]. 生态学报, 28(6): 2571-2580.

王加权, 陈文德, 2014. 滨河消落带绿化种植盘设计[J]. 资源开发与市场, 30(10): 1156-1157, 1263.

王丽君, 程瑞梅, 肖文发, 等, 2021. 三峡库区水位消落植被土壤 pH、阳离子含量随海拔及年际的动态特征[J]. 林业科学研究, 34(2): 12-23.

王强, 袁兴中, 刘红, 等, 2011a. 三峡水库初期蓄水对消落带植被及物种多样性的影响[J]. 自然资源学报, 26(10): 1680-1693.

王强, 袁兴中, 刘红, 等, 2011b. 水淹对三峡水库消落带苍耳种子萌发的影响[J]. 湿地科学, 9(4): 328-333.

王小华, 姚劲松, 黄帅, 等, 2020. 三峡库区消落带淤泥质土上施工平台填筑方案优化及稳定性分析[J]. 水利水电快报, 41(4): 37-42.

王晓锋, 袁兴中, 刘红, 等, 2015. 三峡水库消落带 4 种典型植物根际土壤养分与氮素赋存形态[J]. 环境科学, 36: 3662-3673.

王晓荣, 程瑞梅, 肖文发, 等, 2010. 三峡库区消落带初期土壤养分特征[J]. 生态学杂志, 29(2): 281-289.

王晓荣, 胡兴宜, 唐万鹏, 等, 2015. 模拟长江滩地水淹胁迫对 3 种树种幼苗生理生态特征的影响[J]. 东北林业大学学报, 43(1): 45-49.

王欣, 高贤明, 2010. 模拟水淹对三峡库区常见一年生草本植物种子萌发的影响[J]. 植物生态学报, 34(12): 1404-1413.

王业春, 雷波, 张晟, 2012. 三峡库区消落带不同水位高程植被和土壤特征差异[J]. 湖泊科学, 24(2): 206-212.

王勇, 厉恩华, 吴金清, 2002. 三峡库区消涨带维管植物区系的初步研究[J]. 植物科学学报, 20(4): 265-274.

王兆林, 鄂施璇, 陈军利, 2022. 近 40 年来三峡库区农村人口与居民点用地演变脱钩及驱动效应分析[J]. 农业工程学报, 38(13): 273-284.

吴江涛, 许文年, 陈芳清, 等, 2007. 库区消落带植被生境构筑技术初探[J]. 中国水土保持(1): 27-30.

吴科君, 马文超, 李瑞, 等, 2019. 三峡水库消落带立柳(*Salix matsudana*)生长及营养元素分配特征[J]. 生态学报, 39(14): 5308-5316.

仙光, 方振东, 龙向宇, 2013. 三峡库区消落带生态环境问题探讨[J]. 环境科学与管理, 38(2): 67-69.

肖强, 肖洋, 欧阳志云, 等, 2014. 重庆市森林生态系统服务功能价值评估[J]. 生态学报, 34(1): 216-223.

肖志豪, 张仲伟, 何云蛟, 等, 2022. 三峡水库消落区自然植被群落分布特征[J]. 黑龙江环境通报, 35(1): 1-5, 11.

谢德体, 2010. 三峡水库消落带生态系统演变与调控[M]. 北京: 科学出版社.

谢德体, 范小华, 魏朝富, 2007. 三峡水库消落区对库区水土环境的影响研究[J]. 西南大学学报(自然科学版), 29(1): 39-47.

谢红勇, 扈志洪, 2004. 三峡库区消落带生态重建原则及模式研究[J]. 开发研究(3): 36-39.

熊俊, 袁喜, 梅朋森, 等, 2011. 三峡库区消落带环境治理和生态恢复的研究现状与进展[J]. 三峡大学学报(自然科学版), 33(2): 23-28.

徐泉斌, 孙璐, 王春晓, 等, 2009. 三峡库区消落带土地资源开发利用探讨[J]. 人民长江, 40(13): 57-59.

徐少君, 曾波, 类淑桐, 等, 2011. 三峡库区几种耐水淹植物根系特征与土壤抗水蚀增强效应[J]. 土壤学报, 48(1): 160-167.

徐元刚, 孙锐锋, 李剑, 等, 2008. 水库消落区利用研究进展[J]. 人民长江, 39(3): 102-103.

杨清伟, 刘睿, 秦诚, 2006. 三峡水利工程对库区消落带土地资源的影响及可持续利用探讨[J]. 重庆交通学院学报(6): 147-149, 164.

杨永艳, 宋林, 刘延惠, 等, 2021. 高原季节性湿地消落带土壤种子库水淹耐受性研究[J]. 种子, 40(7): 63-68.

叶飞, 2018. 三峡库区消落带土壤氮循环关键过程微生物群落特征研究[D]. 北京: 中国科学院大学.

余新晓, 周彬, 吕锡, 等, 2012. 基于 InVEST 模型的北京山区森林水源涵养功能评估[J]. 林业科学, 48(10): 1-5.

袁贵琼, 刘芸, 邬静淳, 等, 2018. 模拟三峡水库消落带水淹对3类土壤中桑树和水桦生长的影响[J]. 西北农林科技大学学报(自然科学版), 46(6): 65-74.

袁辉, 王里奥, 黄川, 等, 2006. 三峡库区消落带保护利用模式及生态健康评价[J]. 中国软科学, 5: 120-127.

袁兴中, 熊森, 李波, 等, 2011. 三峡水库消落带湿地生态友好型利用探讨[J]. 重庆师范大学学报(自然科学版), 28(4): 23-25.

袁兴中, 杜春兰, 袁嘉, 等, 2019. 自然与人的协同共生之舞: 三峡库区汉丰湖消落带生态系统设计与生态实践[J]. 国际城市规划, 34(3): 37-44.

翟文雅, 伊若辰, 黎子豪, 等, 2020. 基于水位梯度变化的消落带城市段植被景观修复策略: 以重庆市南岸区为例[J]. 园林(8): 56-60.

张爱英, 熊高明, 樊大勇, 等, 2016. 三峡水库运行对淹没区及消落带植物多样性的影响[J]. 生态学杂志, 35(9): 2505-2518.

张晟, 杨春华, 雷波, 等, 2013. 三峡水库蓄水初期消落带植被分布格局[J]. 环境科技, 5: 45-50.

张虹, 2008. 三峡库区消落带土地资源特征分析[J]. 水土保持通报, 28(1): 46-49.

张立明, 2008. 三峡工程库区地质灾害易损性评价与区划研究[D]. 长沙: 中南大学.

张淑娟, 贺秀斌, 鲍玉海, 等, 2020. 三峡水库消落带土壤团聚体微结构变化特征[J]. 山地学报, 38(3): 360-370.

张显强, 谌金吾, 孙敏, 2020. 三峡库区消落带土壤重金属污染及植物富集特征[J]. 环境化学, 39(9): 2490-2497.

张艳婷, 张建军, 王建修, 等, 2016. 长期水淹对'中山杉118'幼苗呼吸代谢的影响[J]. 植物生态学报, 40(6): 585-593.

张永进, 2019. 基于传统"梯田"智慧的消落带景观规划设计策略研究: 以重庆石宝镇沿江区消落带为例[C]//中国风景园林学会2019年会. 中国风景园林学会2019年会论文集(下册). 北京: 北京林业大学: 359-362.

张志永, 胡晓红, 向林, 等, 2020. 三峡水库消落带植物群落结构及其季节性变化规律[J]. 水生态学杂志, 41(6): 37-45.

赵纯勇, 杨华, 苏维词, 2004. 三峡重庆库区消落区生态环境基本特征与开发利用对策探讨[J]. 中国发展, 4(4): 23-27.

赵琴, 陈教斌, 2018. 三峡库区消落带生态修复策略研究与实践[J]. 安徽农业科学, 46(34): 5-7.

赵洋, 饶良懿, 周紫璇, 2016. 中国水库消落带生物治理研究综述[J]. 环境科学与技术, 39(12): 71-79.

赵洋, 饶良懿, 徐子棋, 等, 2017. 水淹对三峡库区消落带中山杉生长的影响[J]. 环境科学与技术, 40(2): 19-25, 52.

赵雨果, 涂建军, 2012. 三峡库区消落带土地利用系统结构合理性分析: 以重庆开县消落带为例[J]. 云南师范大学学报(哲学社会科学版), 44(2): 45-51.

郑海金, 杨洁, 谢颂华, 2010. 我国水库消落带研究概况[J]. 中国水土保持, 6: 26-29, 68.

钟荣华, 鲍玉海, 贺秀斌, 等, 2015. 水库消落带串珠式柔性护岸技术及其应用[J]. 世界科技研究与发展, 37(1): 1-4.

周明涛, 杨平, 许文年, 等, 2012. 三峡库区消落带现状与对策研究[J]. 中国水土保持科学, 10(4): 90-94.

周永娟, 仇江啸, 王姣, 等, 2010. 三峡库区消落带生态环境脆弱性评价[J]. 生态学报, 30(24): 6726-6733.

AHMED F, RAFII M Y, ISMAIL M R, et al., 2012. Waterlogging tolerance of crops: Breeding, mechanism of tolerance, molecular approaches, and future prospects[J]. Biomed research international, 2013: 1-10.

BAILEY-SERRES J, VOESENEK L A C J, 2010. Life in the balance: A signaling network controlling survival of flooding[J]. Current opinion in plant biology, 13(5): 489-494.

CHEN H, QUALLS R G, BLANK R R, 2005. Effect of soil flooding on photosynthesis, carbohydrate partitioning and nutrient uptake in the invasive exotic Lepidium latifolium[J]. Aquatic botany, 82(4): 250-268.

DAILY G C, 1997. Nature's services[M]. Washington, DC: Island Press.

GIBBS J, GREENWAY H, 2003. Mechanisms of anoxia tolerance in plants. I. Growth, survival and anaerobic catabolism[J]. Functional plant biology, 30(3): 1-47.

GRACE S C, LOGAN B A, 1996. Acclimation of foliar antioxidant systems to growth irradiance in three broad-leaved evrgreen species[J]. Plant physiology, 112(4): 1631-1640.

GRAVATT D A, KIRBY C J, 1998. Patterns of photosynthesis and starch allocation in seedlings of four bottomland hardwood tree species subjected to flooding[J]. Tree physiology, 18(6): 411-417.

HOLDREN J P, EHRLICH P R, 1974. Human population and the global environment: Population growth, rising per capita material consumption, and disruptive technologies have made civilization a global ecological force[J]. American scientist, 62(3): 282-292.

IWANAGA F, YAMAMOTO F, 2008. Effects of flooding depth on growth, morphology and photosynthesis in Alnus japonica species[J]. New forests , 35(1): 1-14.

KOGAWARA S, YAMANOSHITA T, NORISADA M, et al., 2006. Photosynthesis and photoassimilate transport during root hypoxia in Melaleuca cajuputi, a flood-tolerant species, and in Eucalyptus camaldulensis, a moderately flood-tolerant species[J]. Tree physiology, 26(11): 1413-1423.

LI X L, LUAN C Y, YANG J, et al., 2012. Survival and recovery growth of riparian plant distylium chinense seedlings to complete submergence in the three gorges reservoir region[J]. Procedia engineering, 28(8): 85-94.

Millennium Ecosystem Assessment, 2005. Ecosystems and human well-being[M]. Washington, D. C.: Sland Press.

METZGER M J, ROUNSEVELL M D A, ACOSTA-MIHLIK L, et al., 2006. The vulnerability of ecosystem services to land use change[J]. Agriculture, ecosystems & environment, 114(1): 69-85.

OLSON D H, ANDERSON P D, FRISSELL C A, et al., 2007. Biodiversity management approaches for stream-riparian areas: Perspectives for Pacific Northwest headwater forests, microclimates, and amphibians[J]. Forest ecology & management, 246(1): 81-107.

SHACKELFORD N, HOBBS R J, Burgar J M, et al., 2013. Primed for change: Developing ecological restoration for the 21st century[J]. Restoration ecology, 21(3): 297-304.

SHANDAS V, ALBERTI M, 2009. Exploring the role of vegetation fragmentation on aquatic conditions: Linking upland with riparian areas in Puget Sound lowland streams[J]. Landscape & urban planning, 90(1): 66-75.

SLEWINSKI T L, ANDERSON A A, ZHANG C, et al., 2012. Scarecrow plays a role in establishing Kranz anatomy in maize leaves[J]. Plant cell physiology, 53(12): 2030-2037.

XU X B, TAN Y, YANG G S, 2013. Environmental impact assessments of the Three Gorges Project in China: Issues and interventions[J]. Earth-science reviews, 124(9): 115-125.

YORDANOVA R Y, UZUNOVA A N, POPOVA L P, 2005. Effects of short-term soil flooding on stomata behaviour and leaf gas exchange in barley plants[J]. Biologia plantarum, 49(2): 317-319.